新工科建设之路·数据科学与大数据系列

数据可视化
——从小白到数据工程师的成长之路

刘英华 ◎ 著

中国工信出版集团 电子工业出版社
PUBLISHING HOUSE OF ELECTRONICS INDUSTRY
http://www.phei.com.cn

内 容 简 介

掌握数据可视化技术是未来工作和学习的必备能力，是展示理念和成果的重要手段。阅读并完成本书的实践，你将快速地学会数据获取、清洗、分析、可视化及发布的完整流程。

本书以丰富的实践案例解析数据可视化的制作理念和具体方法，紧密围绕当前数据可视化领域的实际需求，全面介绍数据可视化的概念和技巧。本书包含基础知识、数据获取、数据清洗、数据分析、可视化基础和原则、数据可视化工具和可视化作品发布等内容，基于具体案例多角度启发和引导读者的创新思维，增强读者对抽象数据的把握及综合可视化能力的提升。本书内容通俗易懂，简明实用，配套的教学辅助资料可免费下载。

本书适合零编程基础的数据可视化从业者和高校师生阅读，有一定工作经验的数据可视化工程师也可以从本书中学到大量实用的技能。

图书在版编目（CIP）数据

数据可视化：从小白到数据工程师的成长之路 / 刘英华著. —北京：电子工业出版社，2019.11
ISBN 978-7-121-36223-1

Ⅰ. ① 数… Ⅱ. ① 刘… Ⅲ. ① 数据处理－高等学校－教材 Ⅳ. ① TP274

中国版本图书馆 CIP 数据核字（2019）第 059645 号

责任编辑：章海涛
印　　刷：北京虎彩文化传播有限公司
装　　订：北京虎彩文化传播有限公司
出版发行：电子工业出版社
　　　　　北京市海淀区万寿路 173 信箱　　邮编：100036
开　　本：787×1092　1/16　　印张：15.75　　字数：400 千字
版　　次：2019 年 11 月第 1 版
印　　次：2023 年 7 月第 6 次印刷
定　　价：56.00 元

凡所购买电子工业出版社图书有缺损问题，请向购买书店调换。若书店售缺，请与本社发行部联系，联系及邮购电话：（010）88254888，88258888。

质量投诉请发邮件至 zlts@phei.com.cn，盗版侵权举报请发邮件至 dbqq@phei.com.cn。

本书咨询联系方式：192910558（QQ 群）。

前　言

写作目的

在当前的大数据时代，数据是一种阐明和支撑观点的常用手段。为了更准确地理解数据（如数字、文本、图片、音频和视频等），需要从大量的数据中筛选出有用的信息，然后分析数据发现规律，最后将晦涩的数据转换为易于理解的数据可视化作品，如一个图表或动态图片，几幅地图、一段动画，甚至是一段视频，这些包含多种形式的数据可视化作品可以清晰有效地传达、沟通和展示数据，让用户快速地抓住数据中的重点，发现数据的规律，理解数据背后的深意。

现有的数据可视化相关书籍对读者有较高的编程要求，入门较难，适合开发人员和相关从业者阅读和学习，且缺乏数据可视化原则和数据可视化作品发布这两个重要环节。本书简化了数据可视化入门难度，提升了数据可视化能力在各个专业和行业的普及，实现了零编程基础的数据可视化。

本书内容

第 1 章　基础知识，阐述学习数据可视化的必要概念，包括模拟和数字、数模转换、进制、存储单位、因特网、域名和网络速度等。

第 2 章　数据获取，讲解不需编程获取数据的方法，包括数据搜索、依申请公开数据、数据众包及 import.io 和 Octoparse 两种抓取工具；需要 Python 编程获取数据的方法，包括 Python 基础和 Beautiful Soup 库；多媒体数据的获取，包括图片、音频和视频的获取及其格式转化方法。

第 3 章　数据清理，介绍 Python 基础编程，通过案例实现缺失值、格式内容、逻辑错误和非需求数据的清洗，最后是两个综合案例。

第 4 章　数据分析，通过数据定位案例让读者了解基本数据，实现条件筛选和排序以及数据的描述性分析。

第 5 章　可视化基础和原则，介绍图表的种类和图表设计原则，色彩暗示，通过 4 个图表可视化的失败案例掌握图表可视化原则，通过 5 个案例说明设计排版原则。

第 6 章　数据可视化工具，主要介绍信息图制作工具、数据可视化工具 Gapminder、Datawrapper、Gephi、QGIS、ECharts 和 Tableau 等。

第 7 章　可视化作品发布，介绍网络基础、HTML5 和 JavaScript 基础知识，以及 Web 应用框架和模板、数据可视化作品发布流程。

读前准备

- ❖ Windows 或 Mac 操作系统，接入互联网，Firefox 浏览器。
- ❖ 环境配置，具体见 2.7.1 节。
- ❖ 安装 Jupyter Notebook，具体见 3.1 节。
- ❖ 科研工作者或学生可以申请 1 年期限的免费 Tableau 试用许可证，具体见 6.7 节。

感谢

首先，感谢购买本书的读者。您的阅读是我写作动力的源泉。数据可视化的发展日新月异，真心希望您在阅读本书后提出宝贵的意见，我们可以共同探讨问题，为后续书籍的撰写提供素材和经验。

其次，感谢我的爱人和父母。撰写书稿让我没有足够的时间陪伴他们，感谢家人的理解和支持。

最后，感谢电子工业出版社的编辑们，他们对书稿倾注了大量的心血，并提出了诸多细致的修改意见，保证了本书的顺利出版。

联系作者

如果您对本书有任何想法和建议，或者想与作者探讨某个问题，请随时与我联系 yinghliu@163.com。

刘英华

2019 年 10 月于北京

目　录

第 1 章　基础知识

1.1　模拟和数字化

现实世界中我们看得见、摸得着的物品经常使用模拟信息表示其属性，如物品的长度、高度和宽度。模拟信息最重要的一个特点是连续性，即在某个区间产生的连续值，如桌子的长度是 2.15 米。这个模拟信息值仅是一个相对准确的概念，或者说是一个近似值，因为桌子的长度往往不是恰好 2.15 米，而是近似 2.15 米，这主要取决于测量工具的精度。测量值小数点后的位数随着测量工具的精度增加。模拟信息的另一个重要特点是无限性。科技的进步让测量精度可以增加到非常多，甚至无限多的小数位数。在模拟世界中可以借助某种设备用测量的方法取得模拟信息的数值，数值是一个无限小数，介于两个相邻的数值之间，这两个相邻的数值随着精度的增加可以无限分割。

在计算机和网络世界中，任何数据都使用有限个"0"和"1"组合的代码来表示，如计算机中的数字、文字、图片、声音、视频和动画等数据。美国信息交换标准码（American Standard Code for Information Interchange，ASCII）是计算机最早使用的编码。如字母"A"的 ASCII 编码为"1000001"。计算机系统不存在无限的概念，因为任何数据均存储在有限的内存或外存中，所以存储数据时必须使用有限的位数表示。在计算机系统中，数据最大的特点是离散性，即孤立的点集。如整数集的任何两个元素之间都有一定的距离，任何两个连续的整数之间无任何其他整数值，即任何两个连续的整数之间无法继续分割。

思考：（1）计算机中的小数是离散的还是连续的？[1]
　　　（2）计算机中的颜色是离散的还是连续的？[2]

1.2　数模转换

随着计算机和网络的普及，现实世界的模拟数据需要保存到计算机中，然后经过计算处理后在网络上共享、传播。这个过程需要将模拟信息转换为数字数据，也称为数模转换过程，有些书籍、论文中也称为数字化过程。

---

[1]　计算机中的小数是离散的、非连续的。现实世界中，任何两个连续的小数中间都可以插入其他小数，如 9.25 和 9.26 看似连续的小数，但实际上二者之间可以插入无限个小数，如 9.251、9.2527 和 9.25999 等，插入的小数只要在范围(9.25, 9.26)即可。但在计算机中，由于存储空间的限制，在两位小数集合中，9.25 和 9.26 就是连续的小数，二者中间无法插入其他两位小数。
[2]　计算机中的颜色是离散的、非连续的。现实世界中，颜色是无限的、连续的模拟信息。计算机中的颜色模型有很多种，但每种模型包含的颜色个数都是有限的，任何两个连续的颜色中间不能存在其他颜色。保存在计算机中的任何数据都是离散的。

模拟信息转换为数字数据，需要采样（sampling）和量化（quantization）两个步骤。采样也称为取样或抽样，是将无限的、连续的模拟信息转换为有限的、离散的数据。例如，将时间轴上连续的信号每隔一定的时间间隔抽取出一个信号的样本,使其成为时间上离散的序列。量化是将信号的连续取值近似为有限个离散值的过程。

采样过程中涉及采样率的概念，即抽取信号的时间间隔。量化过程中涉及位深的概念，即量化的等级。为了方便计算机处理，量化一般为 2 的整数次幂。如将纸质黑白图片输入计算机时要进行数模转换，采样率即图片分辨率，量化即为灰度级。将声音输入计算机时，采样率即多长时间的间隔获取一个声音属性，量化即为声音的幅度属性。采样率和位深决定模拟信息转换为数字数据的质量，采样率越高、位深越大质量越好，但存储文件会增大，计算机处理和网络传播都会受到影响。所以，考虑到人眼和人耳的辨识能力、数字文件的大小、计算机的处理能力和网络传播速度等原因，采样率和位深有一个理想的数值，如为获取 CD 音质的音频采样率一般是 44100 Hz，即每秒采样 44100 个；位深是 16 比特，即将声音的振幅分为 65536（2^{16}）个等级。

模拟数据在读取时，由于测量设备的原因，只能是一个近似值。经过数模转换后，很多信息不能被精确地表示，也是一个近似值。

1.3　进制

日常生活中人们接触的大多是十进制数据[3]，"如十两等于一斤"，而在计算机系统中采用二进制表示和处理数据，十六进制存储数据。

十进制包含十个基数，分别是 0，1，2，3，4，5，6，7，8，9。基数的排列组合表示一个数值，基数相同但位置不同表示的数值也是不同的。例如，某单位某天的营业额是 1011 元，4 位数字根据位置代表的数值分解如下：

$$1011（十进制）= 1\times10^3 + 0\times10^2 + 1\times10^1 + 1\times10^0$$
$$= 1000 + 0 + 100 + 1$$
$$= 1011$$

进制中每个固定的位置对应的单位值称为"位权"。十进制的特点是"逢十进一"，位权是 10^n。

二进制包含两个基数，分别是 0 和 1。例如，计算机中的二进制数据 1011 代表的数值分解表示如下：

$$1011（二进制）= 1\times2^3 + 0\times2^2 + 1\times2^1 + 1\times2^0$$
$$=8 + 0 + 2 + 1$$
$$=11（十进制）$$

二进制的特点是"逢二进一"，位权是 2^n。

十六进制包含 16 个基数，分别是 0，1，2，3，4，5，6，7，8，9，A，B，C，D，E 和 F。其中，A～F 分别表示十进制的 10～15。例如，计算机中存储的十六进制数据 1011 代表的数值分解表示如下：

$$1011（十六进制）= 1\times16^3 + 0\times16^2 + 1\times16^1 + 1\times16^0$$

---

[3]　日常生活中非十进制的数据有 60 秒是 1 分钟，7 天是 1 周，12 个是 1 打（dozen），3 尺是 1 米等。

$$= 4096 + 0 + 16 + 1$$
$$= 4113（十进制）$$

十六进制的特点是"逢十六进一"，位权是 16^n。

数字"1011"在不同的进制中表示的值是不同的。计算机使用二进制是为了技术简单、运算规则简化、安全和可靠等原因。但二进制需要更多的位数存储数据，所以计算机使用十六进制存储数据，使用二进制处理和计算数据。

1.4　存储单位

计算机系统中表示或存储数据的最小单位是"位"（bit，binary digit），也称为比特。如二进制值中的每个"0"或"1"需要 1 bit 存储。在 ASCII 中，字母"a"的编码为 97，使用二进制表示为"1100001"，即字母"a"需要 7 位来表示。

比特单位比较小，所以经常使用字节（Byte，简写为 B）作为数据存储或表示的单位。1 字节表示 8 比特。随着人们对数据的重视程度越来越高，政府、国际组织、公司甚至个人都开始数字化数据，所以需要更多的单位表示日益增加的数据。计算机中经常使用前缀来表示更多的存储单位，见表 1.1。

表 1.1　存储单位前缀

前缀	含义	举例
K	2^{10}	1KB = 2^{10} B = 1024 B
M	2^{20}	1MB = 2^{20} B = 1024 KB
G	2^{30}	1GB = 2^{30} B = 1024 MB
T	2^{40}	1TB = 2^{40} B = 1024 GB
P	2^{50}	1PB = 2^{50} B = 1024 TB

1.5　因特网

Internet 即因特网，也称为国际互联网，是世界各地的网络利用 TCP/IP 技术，通过路由器连接而成的覆盖全世界的全球性互连网络，用户只要接入因特网中的任何一台计算机，就意味着已经登录 Internet。Internet 提供了许多重要的服务，常见服务如 WWW、FTP、Telnet、BBS、Mail 等。

1969 年，美国国防部高级研究计划局（Advance Research Projects Agency）出于军事需要组建了阿帕网（ARPANET），这就是现在因特网的前身。1985 年，美国国家科学基金会（National Science Foundation）开始建立以科研和教育为目的的全国性教育科研网（NSFnet），代替了 ARPANET 的骨干地位。1989 年，MILNET（由 ARPANET 分离出来）与 NSFnet 连接后，就开始使用 Internet 这个名称。20 世纪 90 年代初，商业机构进入 Internet。1995 年，NSFnet 停止运作，Internet 被彻底商业化。

1989 年，我国开始建设因特网。1994 年 4 月 20 日，中关村教育与科研示范网络（中国科技网的前身）率先与美国 NSFnet 直接互连，实现了中国与 Internet 全功能网络的连接，标志着我国国际互联网的诞生 [4]。

随着人类从工业社会向信息社会的过渡，因特网的发展异常迅猛，政府、公司、团体或个人都可以方便地使用因特网获取、发布和传输信息。因特网已经成为人们日常生活的一部

---

[4]　数据来源于中国互联网信息中心。

分。截至 2019 年 6 月，中国网民规模达 8.54 亿，中国手机网民规模达 8.47 亿[5]。

互联网（internet，注意首字母小写）不同于因特网（Internet，注意首字母大写）。互联网是指能彼此通信的设备组成的网络，因特网是互联网的一种。互联网为实现彼此通信可能采用多种协议，而因特网是使用 TCP/IP 实现通信功能的广域网。由于因特网的使用更广泛，在很多领域中将互联网等同于因特网，二者互用的时候很多，均表示因特网。

广域网、城域网和局域网是对网络规模的一种分类方法。局域网（LAN）覆盖的地理范围一般在 10 千米以下，如一个学校或一个公司。广域网（WAN）也称为远程网，覆盖的地理范围为几十到几万千米，甚至横跨一个或多个国家。城域网（MAN）的范围介于广域网和局域网之间，覆盖的地理范围大约是几十千米。

万维网（World Wide Web，简称 WWW 或 W3）是 Internet 提供的一种重要服务，万维网包含无数个网络站点和网页，使用超链接连接多媒体。万维网起源于 1989 年，是为了研究的需要，由 CERN（欧洲粒子物理实验室）的研究人员开发的一种远程访问系统。目前，大多数企事业单位、公司和组织都在因特网上建立了自己的万维网站。

1.6 地址和协议

地址和协议是因特网的两个重要概念，地址用于辨识因特网中的每台计算机，协议用于保障两台计算机无障碍地进行信息沟通。

1．地址

作为因特网的一项重要服务，WWW 可以提供信息的共享和远程访问。为了快速地访问某个 WWW 服务，提供 WWW 服务的计算机需要有一个 IP（Internet Protocol）地址。事实上，连接到因特网上的每台计算机都需要一个 IP 地址。

IP 地址分为静态 IP 和动态 IP 地址两种。静态 IP 地址的特征是每台计算机分配一个固定的 IP 地址。由于 IP 地址的个数是固定的，不能保证每台连接因特网的计算机都有静态 IP 地址，因此动态 IP 地址应运而生。动态 IP 地址是在连接因特网的时候才分配一个 IP 地址，一台计算机在多次连接因特网的时候获取的动态 IP 地址是不同的。静态 IP 地址分配给一台计算机后，无论该计算机连接因特网与否，其静态 IP 地址都不能分配给其他计算机使用。

IP 地址的分配由 NIC（Network Information Center）负责，其中 InterNIC 负责美国及其他地区，ENIC 负责欧洲地区，APNIC 负责亚太地区（其总部在日本东京大学）。我国的 IP 地址分配机构是中国互联网信息中心（CNNIC），是 APNIC 认定的中国大陆地区唯一的国家互联网注册机构（NIR）。

现在的主流 IP 地址分为 IPv4 和 IPv6 两种。IPv4 地址是一个 32 位整数，其地址格式是"W.X.Y.Z"，其中 W～Z 是一个范围为 0～255 的整数。

2011 年 2 月，全球 43 亿个 IPv4 地址资源分配完毕。这意味着因特网发展晚的国家将面临没有 IP 地址可用的问题，而且在因特网发展早期，欧、美和日本等国家分配了大量的 IPv4 地址，导致地址分配不均。为了更好地解决这个问题，人们提出了 IPv6 地址的概念。IPv6 地

---

[5] 数据来源于第 44 次《中国互联网络发展状况统计报告》，http://www.cac.gov.cn/2019-08/30/c_1124938750.htm。

址是一个 128 位整数，其地址格式是 "S:T:U:V:W:X:Y:Z"，其中 S～Z 是一个 4 位的十六进制整数。可分配的地址数量是 $3.4×10^{38}$，意味着每个地球人可拥有的地址数量是 $5×10^{28}$，从根本上解决了 IP 地址不够用的问题。

IP 地址是逻辑地址，MAC（Media Access Control）地址是物理地址，即网卡地址，是一个 48 位整数。每个网卡的 MAC 地址是全球唯一的。因特网中的任意两台计算机通信时，使用 IP 地址路由，使用 MAC 地址在同一线路上两个节点间进行通信。

任何能连接因特网的一台计算机均有一个 IP 地址和一个 MAC 地址，MAC 地址不变，除非更换网卡，IP 地址若是动态的，则每次连入因特网均是新的 IP 地址。查看这两个地址的方法如下。在 Windows 操作系统中，选择 "开始|所有程序|附件|命令提示符" 菜单命令，或者选择 "开始" 菜单，然后在 "搜索程序和文件" 中输入 "cmd" 后回车，在弹出的命令提示符窗口中输入 "ipconfig /all" 后回车，在显示的信息中找到物理地址和 IP 地址，见图 1.1。

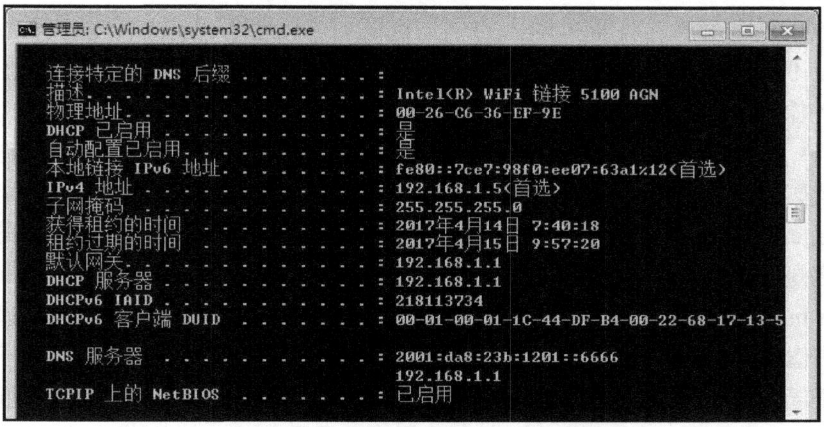

图 1.1　Windows 系统查看 IP 地址和 MAC 地址

说明：命令 "ipconfig" 的功能是调试计算机网络，通常用于显示计算机中网络适配器的 IP 地址、子网掩码及默认网关。这是命令不带参数的用法。

命令 ipconfig 不带任何参数选项使用时，仅显示 IP 地址、子网掩码和默认网关。如果带 "all" 参数，则显示完整的 TCP/IP 配置信息，除了上述信息，还包括 IP 是否动态分配、网卡的 MAC 地址等。注意，参数与 "ipconfig" 命令之间使用 "/"（或者 "-"）隔开。

Mac 操作系统中，在终端输入 "ifconfig" 来显示地址信息，见图 1.2。

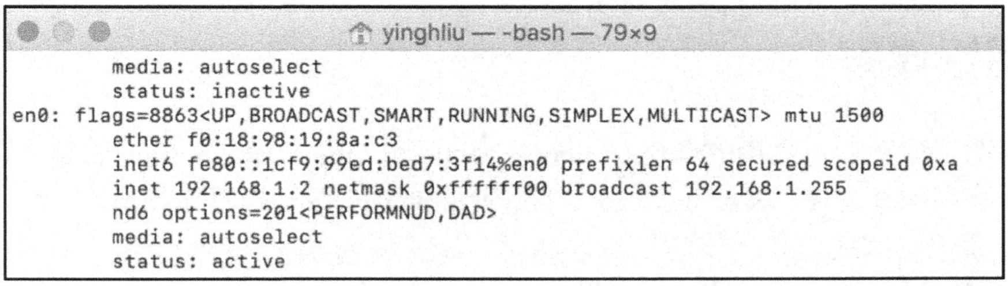

图 1.2　Mac 系统查看 IP 地址和 MAC 地址

2．协议

协议是连接在因特网上的计算机在信息交换时的统一规则和约定。协议有很多种，其中

TCP/IP（Transmission Control Protocol/Internet Protocol）是因特网最基本的协议，定义了电子设备接入因特网的方式及数据的传输标准。其中，TCP 负责传输信息，IP 负责路由。而地址解析协议（Address Resolution Protocol，ARP）用于映射 IP 地址和 MAC 地址。

1.7　域名和域名系统

IP 地址虽然能唯一定位因特网中的一台计算机，但是无论是 IPv4 还是 IPv6，一长串的数字太难记住和使用。如中华人民共和国中央人民政府门户网站（简称中国政府网）的 IP 地址是 124.202.164.208，为简化用户使用和方便记忆，域名是 www.gov.cn。注意，域名比 IP 地址要好记得多。域名（Domain Name）由一串用"."分隔的数字或文字组成，能唯一定位因特网上一台计算机。域名系统（Domain Name System，DNS）是因特网上域名和 IP 地址一一映射的一个分布式数据库，任何人输入方便记忆的域名就能够通过域名系统转换为 IP 地址。

1983 年，保罗·莫卡派乔斯（Paul Mockapetris）发明了域名系统，但直到 1993 年随着 WWW 协议的出现，域名才开始得到各国的认可和重视。

1990 年 11 月，我国钱天白教授在国际互联网络信息中心（InterNIC）的前身 DDN–NIC 注册登记了我国的顶级域名.CN。1994 年 5 月，中国科学院计算机网络信息中心完成了中国国家顶级域名 cn 服务器的设置，结束了一直放在国外（德国 Karlsruhe 大学）的历史。

顶级域名是域名最右边的后缀名，主要分为两类。一是国际域名（iTLD，international Top-Level Domain-names），也称为国际顶级域名，是最早使用且使用最广泛的域名。国际域名按用途分类，没有国家标识。例如，com 用于商业公司，net 用于网络服务，org 用于非营利组织协会等。二是国内域名（nTLD，national Top-Level Domain name），也称为国内顶级域名，是按照国家和地区分配的后缀名。200 多个国家和地区都按照 ISO3166 国家代码分配了顶级域名。例如，中国内地的国内顶级域名是 CN。

二级域名是顶级域名左边的后缀名，中国内地的二级域名主要分为两类：一是类别域名，包括 ac（科研机构）、com（工商金融业）、edu（教育机构）、gov（政府机构）、net（互联网络信息中心和运行中心）、org（非营利组织）等；二是行政区域名，分别对应各省、自治区和直辖市，共 34 个。例如，域名 www.gov.cn 中的 cn 是顶级域名，表示中国，gov 是二级域名，表示政府机构。

1.8　网络速率

网络速率简称网速，常用的单位有 kbps、Mbps 和 Gbps。其中，bps 表示每秒钟传输的比特数量。如带宽是 1M，表示 1 Mbps，即每秒钟传输的数据量是 1 Mbits（2^{20} bits）。截至 2019 年第一季度，我国固定宽带网络平均可用下载速率为 31.43 Mbps [6]。

网络速率的测量标准并未统一，测量的网络速率也存在一定的差异。2019 年 8 月底，我国宽带发展联盟发布了第 24 期《中国宽带速率状况报告》（2019 年第二季度）。报告显示，

---

[6]　数据来源于第 44 次《中国互联网络发展状况统计报告》。

"2019 年第二季度，我国固定宽带网络平均下载速率达到 35.46 Mbps，固定宽带接入速率达到了 100 Mbps。两个数据值差异较大的主要原因是用户上网时的下载速率通常低于宽带接入速率值。"全球知名互联网网速测速公司 Ookla 给出了 2019 年 8 月世界网速最快的国家（或地区）名单。固定宽带第一的国家（或地区）是新加坡，平均网速是 193.90 Mbps。中国排名第 24，平均网速是 91.88 Mbps。移动网速排名第一的国家是韩国，平均网速是 111.00 Mbps。中国排名第 27，平均网速是 39.98 Mbps。

网速分为网络上行速率和网络下行速率两种。网络上行速率是指用户的计算机向因特网发送信息时的比特传输速率，如使用 FTP 工具上传文件；网络下行速率是用户的计算机下载文件比特传输速率，网速测速一般均指下行速率。一般来说，大部分网络提供商会从利润等角度考虑限制网络上行速率。

1.9 数据可视化

数据可视化是数据科学领域的一个重要分支，旨在借助图表和图形化的手段，清晰有效地传达与沟通信息。数据可视化可视化是一个复杂而漫长的过程，首先需要理解模拟信息和数字化数据等基础知识，然后掌握数据获取的技巧和方法，使用多种数据清洗方法去除"脏"数据，通过数据分析了解数据的整体特征，理解可视化基础并在符合可视化原则的基础上运用可视化工具完成数据可视化作品，最后将作品发布在网络上。

小　结

本章首先介绍了模拟和数字的概念，然后阐明了数模转换的必要性及采样和量化两个步骤，采样率和位深与文件质量和文件大小成正比。数模转换后要输入计算机处理和存储，所以我们进一步学习了进制和存储单位。计算机一般采用二进制处理数据，采用十六进制存储数据。共享计算机中的数据时，我们要掌握因特网、IP 地址、协议、域名、网速和数据可视化等基础知识。建议读者根据个人的基础和兴趣，选学地址解析协议、子网掩码等内容，了解网络包含的表面网、深网和暗网三个分层。

习 题 1

1．北京的小明给上海的丽丽发了一封邮件，分析邮件传输过程中使用到了哪些本章学习的内容？

2．小明使用数码相机拍照，照片是模拟的还是数字的？

3．小明发现某杂志的封面特别漂亮，有哪些办法可以将封面存储到计算机中？在模数转换过程中，采样率和位深是如何体现的？

4．计算机中常见的存储单位有哪些？存储单位之间如何转换？

5．IPv6 地址包含多少位整数？它比 IPv4 地址复杂又难记，为什么要使用它？

第2章 数据获取

数据最常见的获取方式是通过网络搜索，如使用特定的搜索指令快速获取个性化数据。这类可搜索到的数据属于主动公开的范畴，若熟悉获取数据的领域，可以到其主动公开的网站查询。例如，在国家统计局的网站上可以快速、准确地按月查询"价格指数"，按季度查询"国内生产总值_当季值（亿元）"，按年度查询工业农业基础数据等，也可以使用搜索指令快速、准确地得到搜索结果。若数据没有主动公开，则可以依据《中华人民共和国政府数据公开条例》申请数据公开。若申请的数据不符合公开原则，或者不存在，则可以自己手动获取数据。比较常见的方法是使用网络问卷或者调查主动搜集数据，可以运用众包的方法，通过群众的智慧和力量搜集或获取数据。

很多时候需要获取的数据保存在网页上，需要使用一定的工具，如 import.io、Octoparse 抓取数据后，才可以进行再处理和再利用，对工具无法抓取的网页数据，可以自己编写代码抓取（如 Python）。抓取的数字图片、数字音频和视频需要专门的软件进行编辑。注意，保存的文件类型对数据的质量有重要影响。

任何已经抓取并保存的数据，因为文件格式种类繁多，为方便再次编辑和再次使用，需要对已经获取的数据进行格式转换，使其达到用户或发布平台的需求。

2.1　知识共享许可协议

在获取数据之前必须了解知识共享的概念，才能够正确地使用获取的数据。

知识共享产生于美国，主要是因为美国的版权保护期过长，大量的作品长期处于垄断状态，迟迟无法进入公有领域，降低了使用和传播的速率和效率。知识共享组织于 2001 年在斯坦福大学成立，致力于发展知识共享许可协议，让作品可以被更多的人分享、转载，甚至再创作。知识共享的首个版本于 2002 年 12 月 16 日发布，我国（大陆地区）于 2003 年引入知识共享（Creative Commons，CC）许可协议。知识共享许可协议是根据美国法律体系编写的，但实际上各国家的法律条款不同，所以直接搬用美国的知识共享许可协议可能与本国法律冲突。为了解决这问题，iCommons（International Commons）计划被推出，目的是调整法律用词，以适应各国国情。所以，协议需要本地化，根据不同国家和地区的法律不同，知识共享许可协议有多个不同的本地化版本。

知识共享许可协议是网络上的数字作品（如文学、美术、音乐等）许可授权机制，致力于让任何创造性作品都有机会被更多人分享和再创造，共同促进人类知识作品在其生命周期内产生最大价值。CC 既是该国际组织的名称缩写，也是一种版权许可协议的统称。在数据（作品）上使用知识共享许可协议，并不说明作者放弃了自己的著作权，而是在一定的条件下将部分权利授予公共领域内的使用者。

知识共享许可协议原则上适用于全世界范围，一旦启动后，不得撤销。知识共享许可协议的使用是免费的。知识共享许可协议有 4 种选项[1]，见表 2.1。

表 2.1　知识共享许可协议的选项

权　利	符　号	缩写	含　义
署名		BY	允许他人对自己享有著作权的作品及演绎作品进行复制、发行、展览、表演、放映、广播或通过数据网络向公众传播，但在这些过程中对方必须保留作者对原作品的署名
非商业性使用		NC	允许他人对享有著作权的作品及演绎作品进行复制、发行、展览、表演、放映、广播或通过数据网络向公众传播，但仅限于非商业性目的
禁止演绎		ND	允许他人对作品原封不动地进行复制、发行、展览、表演、放映、广播或通过数据网络向公众传播，但不得进行演绎创作
相同方式共享		SA	只有在他人对演绎作品使用与原作品相同的许可协议的情况下，才允许他人发行其演绎作品

根据表 2.1 中的 4 种选项的组合，构建出 6 套[2]主要的知识共享许可协议，见表 2.2。

表 2.2　知识共享许可协议

协　议	符　号	缩写	含　义
署名—非商业使用—禁止演绎		BY-NC-ND	允许重新传播，是主要许可协议中限制最严格的。只要注明著作者的姓名并建立链接，他人就可以下载并共享著作者的作品，但不能对作品做出任何形式的修改或者商业性使用
署名—非商业性使用—相同方式共享		BY-NC-SA	只要他人注明著作者的姓名并在以作品为基础创作的新作品上适用同一类型的许可协议，他人就可基于非商业性目的对著作者的作品重新编排、节选或以作品为基础进行创作
署名—非商业性使用		BY-NC	允许他人基于非商业性目的对作品重新编排、节选，或者以作品为基础进行创作
署名—禁止演绎		BY-ND	只要他人完整使用作品，不改变作品并保留署名，他人就可基于商业性或者非商业性目的，对作品进行再传播
署名—相同方式共享		BY-SA	只要他人在其基于作品创作的新作品上注明著作者的姓名并在新作品上适用相同类型的许可协议，就可基于商业性或非商业性目的对作品重新编排、节选，或者以作品为基础进行创作
署名		BY	只要他人在原著上标明著作者的姓名，他人就可以基于商业性目的发行、重新编排、节选作品

2.2　搜索数据

在网络上搜索数据时需要使用浏览器、搜索引擎和搜索指令。例如，在 Internet Explorer 浏览器中打开百度搜索引擎，输入搜索指令"主题教育 filetype:pdf"，目的是获取与"主题教育"相关 PDF 格式的文件。

---

[1]　知识共享许可协议说明见官网 http://creativecommons.net.cn
[2]　知识共享许可协议说明见官网 http://creativecommons.net.cn

2.2.1　搜索引擎

使用搜索引擎（Search Engine）获取数据是数据获取的最基本、最常用的方法。搜索引擎泛指在网络上以一定的策略搜集数据，对数据进行组织和处理，并为用户提供数据检索服务的工具或系统。搜索引擎被业界公认为继广告、网络游戏、无线增值之后互联网的"第四桶金"，因此很多公司开展了搜索引擎业务。搜索引擎的排名经常变化（很多公司公布的数据间隔是一周），常见的搜索引擎如下，本节涉及的搜索引擎与前后顺序无关。

百度搜索[3]是全球最大的中文搜索引擎，2000 年 1 月创立于北京中关村。

谷歌搜索[4]是互联网公司谷歌的主要产品，也是世界上最大的搜索引擎之一，拥有网站、图像、新闻组和目录服务四个功能模块，于 1999 年下半年推出。

搜狗[5]是搜狐公司的旗下子公司，于 2004 年 8 月推出。

360[6]（曾用名"好搜"）是奇虎 360 公司推出的独立搜索品牌，上线时间是 2012 年 8 月。

有道搜索[7]是网易旗下搜索引擎，不仅提供网页、图片、热闻、视频、音乐、博客等传统数据搜索服务，还推出了词典搜索等，于 2007 年 12 月推出。

必应搜索[8]是微软公司于 2009 年 5 月推出的全新搜索品牌，为用户提供网页、图片、视频、词典、翻译、资讯、地图等搜索服务。

中国搜索[9]由盘古搜索和即刻搜索合并而来，于 2013 年 10 月开始筹建，2014 年 3 月上线测试。中国搜索由中央七大新闻媒体——人民日报、新华社、中央电视台、光明日报、经济日报、中国日报和中新社联手创办。中国搜索拥有的政府资源是其他搜索引擎无法比拟的。

搜库[10]是优酷旗下的专业视频搜索引擎，于 2010 年 4 月上线推出，提供优酷站内视频和全网视频的专业搜索。

爱奇艺搜索[11]是国内最大的视频搜索引擎之一，涵盖全网海量视频资源的搜索。

淘宝搜索[12]是阿里巴巴旗下的搜索引擎，主要针对旗下的淘宝网进行站内搜索，为用户提供 C2C 的购物搜索结果。

搜索引擎的工作过程分为如下三个步骤。

首先是抓取网页。每个独立的搜索引擎都有自己的网页抓取程序爬虫（spider）。爬虫顺着网页中的超链接，从一个网站爬到另一个网站，通过超链接分析，连续访问、抓取更多网页。被抓取的网页被称为网页快照。由于互联网中超链接的应用很普遍，理论上，从一定范围的网页出发就能搜集到绝大多数的网页。

其次是处理网页。搜索引擎抓到网页后要做大量的预处理工作，才能提供检索服务。其中最重要的是提取关键词，建立索引库和索引，以及去除重复网页、分词（中文）、判断网页

[3] 百度搜索官网 http://www.baidu.com
[4] 谷歌搜索官网 http://www.google.com
[5] 搜狗搜索官网 http://www.sogou.com
[6] 360 搜索官网 http://www.so.com
[7] 有道搜索官网 http://www.youdao.com
[8] 微软必应搜索 http://cn.bing.com
[9] 中国搜索官网 http://www.chinaso.com
[10] 搜库官网 http://www.soku.com
[11] 爱奇艺搜索官网 http://so.iqiyi.com
[12] 淘宝搜索官网 http://s.taobao.com

类型、分析超链接、计算网页的重要度和丰富度等。

最后是提供检索服务。用户输入关键词进行检索，搜索引擎从索引数据库中找到匹配此关键词的网页。为了用户便于判断，除了网页标题和 URL，还会提供一段来自网页的摘要和其他数据。

搜索引擎的种类虽然多种多样，但根据搜索方式的不同，主要分为全文搜索、目录索引和元搜索三种。全文搜索是在互联网上爬取各网站的数据来建立自己的数据库，并向用户提供查询服务，如谷歌搜索、百度搜索等。目录索引是按目录分类的网站链接列表。元搜索引擎是在接收用户查询请求时，同时在其他多个引擎上进行搜索，并将全部结果返回给用户。

2.2.2　浏览器

浏览器一种软件，功能是以用户可理解的方式显示 Web 页面，并方便用户与 Web 页面的交互。蒂姆·伯纳斯·李于 1990 年发明了第一个网页浏览器 World Wide Web，后改名为 Nexus。随着网络的普及，出现了功能各异的浏览器，常见的浏览器包括 Internet Explorer、Opera、Firefox、苹果 Safari、谷歌 chrome、360 浏览器、QQ 浏览器和百度浏览器等。

Acid3[13]是由网页标准计划小组（Web Standards Project，WaSP）设计的测试网页，于 2008 年 3 月 3 日正式发布，是目前 Web 标准基准测试中最严格的。其测试焦点集中在 ECMAScript、DOM Level 3、Media Queries 和 data: URL。浏览器开启此测试网页后，页面会不断加载功能、直接给予分数，满分为 100 分。还有一些浏览器专项测试网站，包括是否支持 HTML5 的测试[14]、CSS3 测试[15]、速度测试[16]和 JavaScript 基准测试[17]等。

2.2.3　搜索指令

搜索指令的使用可以快速、精准地搜索到数据。浏览器不同对搜索指令的支持也不同，基本的搜索指令包含以下内容。本节以百度搜索引擎为例讲解常用的搜索指令。

1．intitle 和 allintitle

intitle 指令将搜索范围限制在网页的标题。allintitle 指令搜索的所有关键字都必须在网页的标题中。例如，搜索"intitle:改革开放 40 周年"，约有 486000 个结果，见图 2.1，"allintitle:改革开放 40 周年"共搜索到约 724 个结果，见图 2.2。

图 2.1　使用 intitle 搜索指令

[13]　Acid3 测试官网 http://acid3.acidtests.org
[14]　http://html5test.com
[15]　http://www.css3.info/selectors-test
[16]　http://nontroppo.org/timer
[17]　http://ie.microsoft.com/testdrive/performance/robohornetpro

图 2.2　使用 allintitle 搜索指令

2．inurl 和 allinurl

inurl 指令将搜索结果限制在特定 URL 或者网站页面上。allinurl 指令搜索的所有关键字都限制在 URL 或网站页面上。例如，仅在政府网站中搜索"改革开放 40 周年"，即"inurl:gov.cn 改革开放 40 周年"，则约有 104000 个结果，见图 2.3；仅在 URL "news.ifeng.com/world"中搜索"改革开放 40 周年"，即"allinurl:news.ifeng.com/world 改革开放 40 周年"，则约有 95 个结果，见图 2.4。

图 2.3　使用 inurl 搜索指令

图 2.4　使用 allinurl 搜索指令

3．site

site 指令将搜索限制在站点或者顶层域名上。例如，仅在特定网站"www.ifeng.com"搜索"改革开放 40 周年"，则搜索指令是"改革开放 40 周年 site: www.ifeng.com"，见图 2.5。注意，在"site"指令后的站点或顶层域名前不能加"http://"，如搜索指令"改革开放 40 周年 site: http://www.ifeng.com"无法正确执行，见图 2.6。

4．filetype

filetype 指令将搜索限制为某类特定后缀或者文件名的扩展名。例如，仅搜索"ppt"扩展名的文档，则搜索指令是"改革开放 40 周年 filetype:ppt"，见图 2.7，搜索结果均为扩展名 .ppt 的 PowerPoint 文件。

图 2.5　site 搜索指令正确用法

图 2.6　site 搜索指令错误用法

图 2.7　使用 filetype 指令

5．完整匹配" "

完整匹配搜索是搜索结果包含双引号中出现的所有词，顺序也必须匹配。例如，搜索"改革开放 40 周年"时加双引号，结果见图 2.8，对比不使用完整匹配搜索结果，见图 2.9。使用完整匹配的搜索结果更精准。大数据时代的当下，用户往往没有足够的时间查看数以万条甚至更多的搜索结果，用户更喜欢精准搜索的结果。

图 2.8　不使用完整匹配搜索指令

图 2.9　使用完整匹配搜索指令

百度搜索工具以图形化界面完成搜索指令。"时间不限"可以设置搜索时间条件，图 2.10 设置的时间是从"2018-10-24 至 2018-12-24"。"所有网页和文件"可以设置搜索到的文档类型，如"PDF"文件格式。"站点内搜索"可以限制在某个站点或者顶层域名内搜索，如"wenku.baidu.com"。

图 2.10　使用百度搜索工具

完整的指令可以参考谷歌帮助[18]，也可以使用百度高级搜索[19]，见图 2.11。百度高级搜索页面可以限定包括或不包括的关键字、限定搜索结果显示的条数、限定搜索时间、限定搜索的网页语言、限定文档格式、限定关键词位置和限定搜索位置等。实际上，百度高级搜索集成了常见的搜索指令，用户不需记住复杂的搜索指令就可在图形化搜索界面完成复杂的搜索任务。

图 2.11　百度高级搜索

网页快照（Snapshot）的使用可以提高搜索效率，因为网页快照存储在搜索引擎服务器中，所以查看网页快照比直接访问 Web 页面要快。在网页快照中，搜索的关键词高亮显示，方便用户单击关键词直接找到关键词出现位置，见图 2.12 和图 2.13。而且，当搜索的 Web 页面被删除或链接失效时，可以使用网页快照查看这个页面的原始内容。

图 2.12　在百度中搜索"数据挖掘"

[18]　https://support.google.com/websearch/answer/136861?hl=en
[19]　http://www.baidu.com/gaoji/advanced.html

图 2.13　网络快照中关键词"数据挖掘"高亮显示

2.3　主动公开的数据

随着网络和数据库技术的飞速发展，公开的数据变得简洁而方便，价格越来越低，甚至免费。主动公开意味着数据已经发布于网络上，只要不侵犯国家安全、用户隐私和商业机密，任何团体和个人都可以查看数据，在知识共享许可协议下对数据进行利用和再利用，让开放的数据产生更大的社会价值、经济价值和公共价值。

2.3.1　我国政府数据

2015 年 9 月 5 日，国务院发布了《促进大数据发展行动纲要》，首次在国家层面推出了"公共数据资源开放"的概念，将政府数据开放列为了中国大数据发展的十大关键工程。《促进大数据发展行动纲要》明确，"2018 年底前建成国家政府数据统一开放平台，率先在信用、交通、医疗、卫生、就业、社保、地理、文化、教育、科技、资源、农业、环境、安监、金融、质量、统计、气象、海洋、企业登记监管等重要领域实现公共数据资源合理适度向社会开放。到 2020 年，培育 10 家国际领先的大数据核心龙头企业，500 家大数据应用、服务和产品制造企业。"

依据条例规定，我国政府部门应当主动向社会公开政府数据，任何公民、法人或者其他组织均可以任意查询和使用数据，不受限制。在 2015 年以前，我国一些地方政府就已经开放了政府数据，如广州市政府数据统一开放平台[20]、北京市政务数据资源网[21]、上海市政务数

---

[20]　http://www.datagz.gov.cn
[21]　http://www.bjdata.gov.cn

据服务网[22]等。

随后，北上广等城市开始印发通知，加大开发数据的力度并制定目标。2016 年 8 月 3 日，北京市人民政府印发了《北京市大数据和云计算发展行动计划（2016—2020 年）》的通知，提出"到 2020 年北京市要实现公共数据开放单位超过 90%，数据开放率超过 60%。"2016 年 9 月 15 日，上海市人民政府印发了《上海市大数据发展实施意见》，确立了上海大数据发展目标是"到 2020 年，政府数据服务网站开放数据集超过 3000 项、建成 3 家大数据产业基地、培育和引进 50 家大数据重点企业、大数据核心产业产值达到千亿级别。"2017 年 1 月 7 日，广州市人民政府发布了《广州市人民政府办公厅关于促进大数据发展的实施意见》，明确提出"促进数据资源共享开放流通，释放重要生产力，加快政府数据汇聚共享，释放政府数据红利，鼓励社会数据共享共用，促进商业数据交易流通。"我国部分政府开放数据资源见表 2.3。

表 2.3　我国部分政府开放数据资源

省、市、区和城市	名　称	URL
浙江省	浙江政务服务网	http://data.zjzwfw.gov.cn
江西省	江西省政府数据开放网站	http://www.jiangxi.gov.cn/ysj/
广东省	开放广东	http://www.gddata.gov.cn/
贵州省	贵州省政府数据开放平台	http://www.gzdata.gov.cn/
新疆	新疆维吾尔自治区政务数据开放网	http://data.xinjiang.gov.cn/
北京市	北京市政务数据资源网	http://www.bjdata.gov.cn/
上海市	上海市政府数据服务网	http://www.datashanghai.gov.cn/
南京市	南京市政府数据服务网	http://data.nanjing.gov.cn
广州市	广州市政府数据统一开放平台	http://www.datagz.gov.cn/
东莞市	数据东莞	http://dataopen.dg.gov.cn/
深圳市	深圳市政府数据开放平台	http://opendata.sz.gov.cn/
武汉市	武汉市政务公开数据服务网	http://www.wuhandata.gov.cn
哈尔滨市	哈尔滨市政府数据开放平台	http://data.harbin.gov.cn/
青岛市	青岛公共数据开放网	http://data.qingdao.gov.cn/
杭州市	公共数据开放目录（杭州）	http://114.215.249.58/
贵阳市	贵阳市政府数据开放平台	http://www.gyopendata.gov.cn/
无锡市	无锡市政府数据服务网	http://etc.wuxi.gov.cn/opendata/index.shtml
湛江市	湛江数据服务网	http://data.zhanjiang.gov.cn/
贵阳市	贵阳市政府数据开放平台	http://www.gyopendata.gov.cn/
济南市	济南市公共数据开放网	http://www.jndata.gov.cn/
佛山市	佛山市政府数据开放平台	http://www.fsdata.gov.cn/data/

随着国家和政府对数据开放的重视，开放数据的应用开始逐渐增多。2015 年，在中国工业设计研究院、开放数据中国、上海交通大学、复旦大学、美薏朗公司等机构的合作下，与上海市政府协作，以政府—社群共建的模式推出了上海开放数据应用创新大赛（SODA）。

虽然我国对政府数据开放工作非常重视，但因为数据的搜集、整理、核实和发布等需要大量的工作，所以我国全面的、各级政府数据开放还需要一定的时间。政府开放数据的维护也是一项日常工作，需要专门的技术人才完成。

---

[22]　http://www.datashanghai.gov.cn

虽然我国的政府数据开放工作还在进行中，但我国的专项数据发展得较早，可以通过这类网站获取相应的数据。例如，我国天气类数据可以通过国家气象数据中心[23]、中国气象局公共气象服务中心[24]、中国环境监测总站[25]等，以及各省、市、自治区气象部门的网站获取。

2.3.2　国际组织数据

国际组织主要涉及国家层面的数据。常见的国际组织包括联合国及其下设机构、世界经贸组织、世界银行或者比较专业、有针对性的国际组织等，见表2.4。

表 2.4　常见国际组织数据资源

名　　称	URL
联合国数据库	http://data.un.org
世界卫生组织	http://www.who.int
世界银行公开数据	http://data.worldbank.org.cn
谷歌公开数据搜索	https://www.google.com/publicdata/directory
欧盟统计局	https://ec.europa.eu/eurostat/data/database
国际货币基金组织	https://www.imf.org
全球贸易经济网	https://tradingeconomics.com/

2.3.3　科研机构及第三方数据公司

随着数据再利用方法的多样化及效率的提高，科研机构及第三方公司也在搜集和开放数据。很多科研机构和大学建立了数据平台，如百度数据开放平台（是百度公司基于百度网页搜索的开放平台）。数据堂公司提供语音、图像、文本、交通等多种数据，且可以根据用户需求提供定制化收费数据服务。

表 2.5　常见科研机构及第三方数据资源

名　　称	URL
公共卫生科学数据中心	http://www.phsciencedata.cn/Share/index.jsp
公众环境研究中心	http://www.ipe.org.cn/pollution/index.aspx
北京大学开放研究数据平台	http://opendata.pku.edu.cn
上海纽约大学数据平台	https://datascience.shanghai.nyu.edu/datasets
百度数据开放平台	https://open.baidu.com
数据堂	http://www.datatang.com/

2.4　依申请公开数据

2010 年 1 月 12 日，国务院办公厅发布了《关于做好政府数据依申请公开工作的意见》，明确了"一事一申请"原则，提出加大政府数据主动公开工作力度，加强、完善保密审查和

---

[23]　http://data.cma.cn
[24]　http://www.pmsc.cn
[25]　http://www.cnemc.cn

协调会商。

依申请公开是除行政机关主动公开的政府数据外，公民、法人或者其他组织可以根据自身生产、生活、科研等特殊需要，向国务院部门、地方各级人民政府及县级以上地方人民政府部门申请获取相关的政府数据。为规范依申请公开工作，《国务院办公厅关于施行中华人民共和国政府数据公开条例若干问题的意见》（国办发〔2008〕36 号）第十四条规定，行政机关对申请人申请公开与本人生产、生活、科研等特殊需要无关的政府数据，可以不予提供；对申请人申请的政府数据，如公开可能危及国家安全、公共安全、经济安全和社会稳定，按规定不予提供，可告知申请人不属于政府数据公开的范围。

主动公开政府数据是为了满足社会对政府数据的一般性需求，依申请公开政府数据是为了满足社会对政府数据的个性化需求。主动公开的主体是公开主体，公开主体有权利决定公开内容、公开的范围和公开的方式等。依申请公开的主体是公民、法人或者其他组织，由其向政府部分申请，常见的申请方式是网上申请、信函申请和当场申请三种，政府部门答复申请，公开数据和公开期限。图 2.14 是山东省环境保护厅的依申请公开流程表。依申请公开前建议通过检索和浏览已公开数据的方式确认所需的数据没有公开后再依申请公开。

2.5　数据众包

众包（crowdsourcing）的概念来源于美国《连线》杂志的记者杰夫·豪（Jeff Howe），其在 2006 年 6 月提出了用于描述一种早已存在的商业实践模式。互联网的出现大幅降低了大众的沟通成本，是众包成为可能的直接原因。Web 2.0 和 UGC（用户生成内容）的蓬勃发展为众包模式的发展提供了技术要素。维基百科、YouTube 这类 UGC 网站是众包的典型案例。

数据众包即利用大众的智慧和力量去搜集或处理数据，而不是采用传统的办法通过问卷或者调查去搜集。这种模式大大降低了成本，甚至实现了零成本。

数据众包多种多样，如 FishBrain[26]是一个面向钓鱼爱好者的移动应用。数据众包的主要特点是来源于钓鱼爱好者的数据众包，每个钓鱼爱好者可以将自己钓鱼地点的基本数据，如风速、风向、空气湿度和温度分享给他人，为钓鱼爱好者找到最好的钓鱼位置提供帮助。

从 2018 年起，宝马配备了"增强型驾驶辅助系统"的车型将陆续增配 Mobileye 旗下的数据采集系统——道路体验管理系统（REM）。该系统将众包采集到的实时交通数据，高度压缩后发送至云端，进而为实时的精准路况更新提供支持。

国内外的路况地图软件提供的交通拥堵数据也主要来自众包。拥堵路况的数据主要依赖于出租车的 GPS 来采集实时车速，也可以通过联网的摄像头、红外探头和雷达测速过往车辆的车速为辅，甚至可以搜集获取许可的普通用户汽车的车速数据。

2.6　抓取工具

网页抓取（Web Scraping，也称为网络数据提取或网页爬取）是指从 Web 页面上获取数

---

[26]　http://www.fishbrain.com

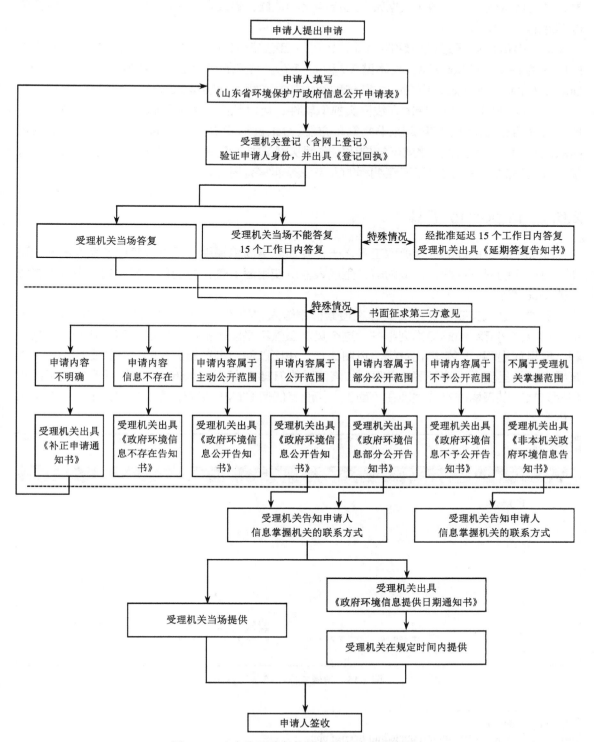

图 2.14　山东省环境保护厅的依申请公开流程表

据，并将获取到的非结构化数据转化为结构化的数据，最终可以将数据存储到本地计算机或数据库的一种技术。

网页抓取可以通过抓取软件实现，也可以自己编写代码完成个性化网页数据抓取（如 Python 的 Beautiful Soup 库，具体见 2.7 和 2.8 节）。常见的抓取工具非常多，如 Dexi.io[27]、OutWit Hub[28]、Mozenda[29]等。本节选取两个工具讲解，分别是 import.io 和 Octoparse。

import.io[30]是一个免费的在线网页抓取软件，可以从网站中抓取数据并整理成数据集，拥有很好的交互设计，使用起来非常简单方便。Octoparse[31]是基于 Windows 操作系统的网页抓取软件，可以将非结构化或半结构化的数据从网站中抓取后，转化为一个结构化的数据集，整个过程不需编码。这对于不懂编程的人来说是非常有用的。

2.6.1 import.io 工具

import.io 是最好的数据抓取工具之一，界面非常简单易用，不要求使用者编写任何代码即可自动识别网页结构，抓取内容并生成表格供使用者下载，特别适合抓取内容多且格式统一的 Web 页面。

例如，进入宜家中文主页[32]，在搜索框中输入"椅子"，页面[33]上的数据非常规整，图片、相应文字解释和链接排列整齐。这个页面虽然不是以表格形式呈现，而是做成了图文列表，但呈现出明显的结构化数据，见图 2.15。也可以使用浏览器提供的"查看源代码"功能查看右下角呈现多个椅子图片的区域，该区域的 HTML 标记是<table>，说明所有的椅子图片和相关文字以表格的方式展现在页面上。若没有任何 HTML 基础，建议先阅读本书第 7 章相关内容。

图 2.15　搜索宜家"椅子"页面

[27]　https://dexi.io
[28]　http://www.outwit.com/products/hub/license.php
[29]　http://www.mozenda.com
[30]　http://import.io
[31]　http://www.octoparse.com/download
[32]　http://www.ikea.com/cn/zh
[33]　http://www.ikea.com/cn/zh/search/?query=+%E6%A4%85%E5%AD%90

该网站的数据通过复制和粘贴操作，无法被保存成一张清楚的表格。如果会写代码，可以编写抓取程序自动抓取不同层级的页面资料，否则需要通过一些现有的工具如 import.io 去抓取。

先登录 import.io 网站[34]，再申请账号并登录。单击登录页面右上角的"New"按钮，在新页面的左侧单击"new Extractor"按钮，输入 URL 地址

http://www.ikea.com/cn/zh/search/?query=+椅子

（注意中文"椅子"可能显示乱码效果），见图 2.16。抓取的结果见图 2.17，因为篇幅的关系，仅截取了前 5 条记录。

图 2.16　输入 URL 地址

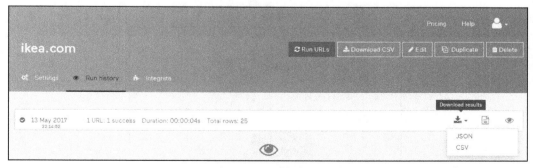

图 2.17　抓取的数据

单击右上角的"Save"，再选择"Save and Run"，运行后的效果见图 2.18，可以下载为 JSON 或 CSV 格式的可机读数据。

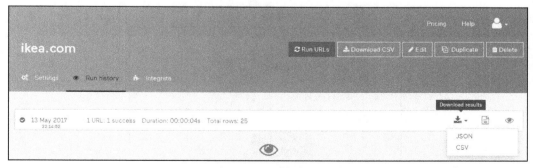

图 2.18　下载页面

import.io 也会在执行完成后给用户发送一条提醒邮件，也可以在邮件包含的链接中下载

---

[34]　https://import.io

数据，见图 2.19。

也可以单击图 2.20 的"Start Magic"，在窗口中输入 URL 地址，见图 2.21。单击右下角的"Download CSV"按钮，下载抓取的数据，在弹出的图 2.22 中设置抓取的页数。

图 2.19　邮件链接下载

图 2.20　"Start Magic"模式

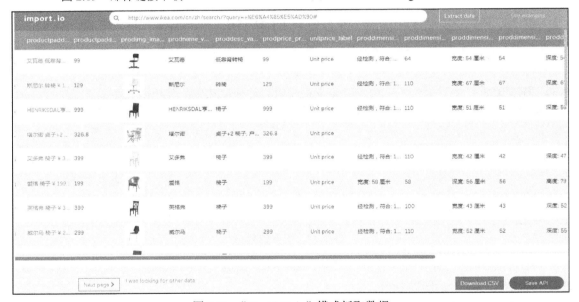

图 2.21　"Start Magic"模式抓取数据

图 2.22　设置抓取的页数

注意，若下载的 CSV 文件存在乱码，可以使用 OpenRefine 等软件清理，或者使用第 3 章介绍的方法完成数据清洗。

2.6.2　Octoparse 工具

Octoparse（八爪鱼）采集器是一个功能强大且易用的互联网数据采集平台，可以简单、快速地将网页数据转化为结构化数据，存储为 Excel 或其他数据库，并且提供基于云计算的大数据云采集解决方案，实现精准、高效、大规模的数据采集。八爪鱼采集器提供多种操作模式，可以满足不同用户的个性化需求。

Octoparse 采集器不仅操作简单、功能齐全，还能短时间内获取大量数据，是深圳视界数据技术有限公司自主研发的大数据采集平台。2016 年 3 月，Octoparse 海外版在洛杉矶上线了，特别适合批量下载多个 Web 页面的数据，快速下载页面 list/table 元素，但不适合批量下载图片。

Octoparse 采集器英文版本的下载地址是 http://www.octoparse.com/download，中文版本的下载地址是 http://www.bazhuayu.com/download，支持的操作系统版本是 Windows XP/7/8/10。其中文版虽然是免费的，但需要积分才能导出下载的数据，积分可以通过微信签到或向好友推荐该软件获取，免费版最多 10 个任务。

Octoparse 采集器需要 Microsoft .NET Framework 3.5 Service Pack 1[35]的支持，操作系统 Windows 7/8/10 已经内置，不需下载，但 Windows XP 需要手动提前安装，可到微软官方网站[36]下载，也可以到八爪鱼官方网站提供的镜像[37]下载，文件大小是 231.5 MB。

建议使用 Octoparse 6.0 或更高的版本，本节使用的版本是 Octoparse 6.2，其英文版本下载后为 OctoparseV6.2Setup.zip 文件。安装后，需要账号注册和邮箱激活，见图 2.23。

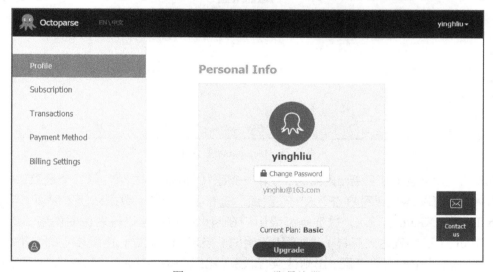

图 2.23　Octoparse 账号注册

首次运行 Octoparse 需要登录，见图 2.24。勾选"Remember Me"可以免去每次输入账号和密码的麻烦，勾选"Auto Login"实现账号自动登录。在公共机房中不建议勾选这两项。

---

[35]　微软官方的解释是"Microsoft .NET Framework 3.5 Service Pack 1 是一个累积更新，包含很多基于.NET Framework 2.0、3.0 和 3.5 不断生成的新功能，Windows XP/7/8/10 还包括.NET Framework 2.0 Service Pack 2 和.NET Framework 3.0 Service Pack 2 累积更新"。
[36]　https://www.microsoft.com/zh-cn/download/details.aspx?id=25150
[37]　http://pan.baidu.com/s/1nu5VbTJ

图 2.24　Octoparse 账号登录

　　八爪鱼采集器主界面见图 2.25，主界面分为三部分，有三种采集模式，即顶部左上角的控件、左侧的任务栏和右侧的 Home 主页。

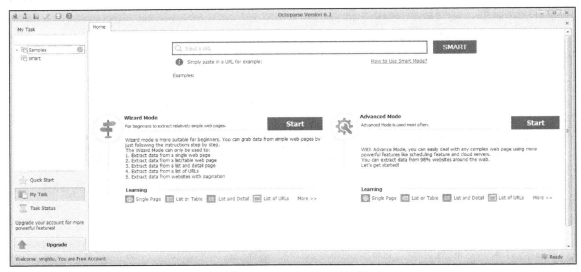

图 2.25　Octoparse 主界面

　　顶部左上角包含 6 个图标，见图 2.26。第一个是"Octoparse 图标"。第二个是"User center"（个人中心），可以连接到网站的个人中心页面，查看个人的使用数据和任务管理。第三个是"XPath Tool"（XPath 工具），主要是高级用户在网页中对数据进行定位时使用。第四个是"RegEx Tool"（正则表达式工具），主要用于生成一条正则表达式，匹配相应的字符串数据。与"格式化数据"中的正则匹配、正则替换有联系。第五个是"Export Scheduler"（导出计划），设置了"自动导出到数据库"后，相应的导出计划会出现在该窗口。第五个是"About"（关于），包含软件当前版本数据、声明，以及软件的检测更新。

　　左侧的任务栏包含 3 部分：My Task（我的任务）、Quick Start（快速开始）和 Task Status（任务状态）。My Task 显示已经创建的各任务组及任务组中的多个任务。Quick Start 主要包含任务的创建和导入导出。Task Status 可以查看各状态中的任务情况。右侧 Home 主页的 3 种采集模式包括 Smart Mode（智能模式）、Wizard Mode（向导模式）和 Advanced Mode（高级模式）。下面通过实际案例来介绍这三种模式。

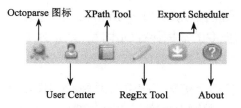

图 2.26　Octoparse 顶部左上角的图标

1. Smart Mode

Smart Mode 是八爪鱼最便捷的采集模式，输入网址后可直接将网页中的数据以表格的形式采集下来，并且支持字段数据的删除、修改、翻页、数据的导出等。Smart Mode 目前只能采集包含列表或表格数据的网页，即网页源代码中的<list><table>部分。

【案例 2-1】 以 Web 页面 https://movie.douban.com/top250 为例，使用 Smart Mode 抓取该页面的前 25 部电影的数据。

<1> 在右侧 Home 主页顶部输入该 URL，再单击"Smart"按钮，Octoparse 采集器会新生成一个 Smart 标签页（注意 Home 主页顶部的显示内容）。Octoparse 采集器抓取数据需要一些时间，本案例抓取的数据少，需要的时间也少，抓取的效果见图 2.27。

图 2.27　Smart Mode

<2> 编辑数据。如右击列头"pic_link"，在出现的快捷键菜单中选择"Delete"，删除该列。右击列头"hd"，在出现的快捷键菜单中选择"Modify"（见图 2.28），修改列头为"name"。注意，列头只能由字母、数字、下划线和中文汉字组成，不能以数字开头。

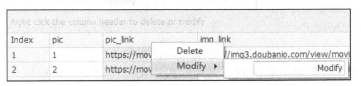

图 2.28　Smart Mode

<3> 导出数据。单击页面右下角的"Export to Excel"按钮，选择保存的位置和文件名，单击"保存"按钮，即可将抓取的数据保存到本地，默认为 Excel 文件格式。

2．Wizard Mode

Wizard Mode(向导模式)适合初学者使用，根据操作引导设置后就可以采集数据。Wizard Mode 包含 4 种：Single Page（单网页采集）、List or Table（列表或表格采集）、List and Detail（列表及详情页采集）、List of URLs（URL 列表采集）。单击图 2.29 中的某种类型，进入学习界面。

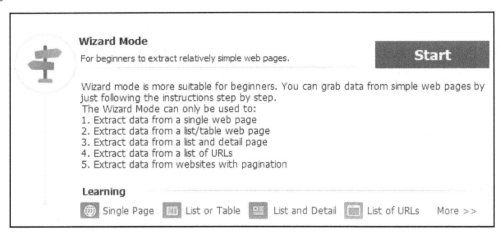

图 2.29　Wizard Mode

单击"Start"按钮，进入采集类型选择，或者单击"Home"页面左下角的"Quick Start"后，选择"New Task(Wizard Mode)"，见图 2.30，出现的 Single Page 采集只在一个特定的网页上抓取数据，即采集工作只涉及单个页面的数据。

【案例 2-2】　用 Single Page 采集京东帮助页面。

<1> 在"Home"页面单击"Start"按钮，再选择"Single Page Extract"，见图 2.31。

图 2.30　Quick Start

图 2.31　Single Page 采集

<2> 定义任务。定义任务的名字、分类和备注数据。任务名和分类有助于以后查找，任务名称对符号、数字等格式没有限制。备注可以记录该任务的重点数据，也可以理解为任务注释，见图 2.32。然后单击"Next"按钮。

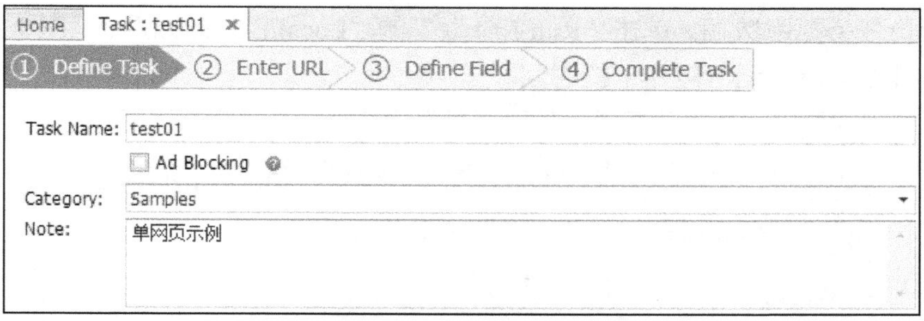

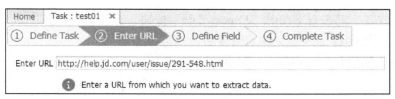

图 2.32　案例 2-2 的任务定义

<3>　输入 URL 地址 http://help.jd.com/user/issue/291-548.html，见图 2.33，再单击"Next"按钮。

图 2.33　案例 2-2 的 URL 输入

<4>　定义字段。图 2.34 包含上下两部分，下部分显示第三步 URL 页面的内容，可以从中单击选择需要抓取的字段，每次选择会在上部分显示生成一个新字段。单击"Add Pre-defined Fields"，添加当前网页 URL、网页标题和当前时间等预定义字段，见图 2.35。然后单击"Next"按钮。

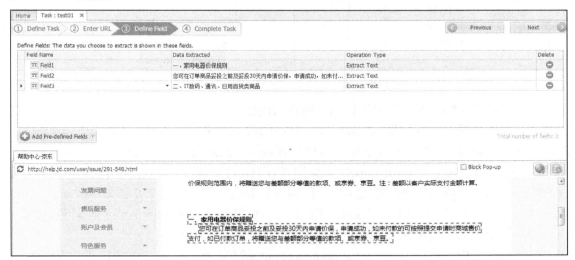

图 2.34　案例 2-2 的定义字段

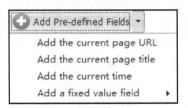

图 2.35　案例 2-2 的添加预定义字段

<5> 运行任务抓取数据。单击 "Run Task" 下的 "Local Extraction"（见图 2.36），将任务在本地计算机上运行。运行需要一些时间。

图 2.36　案例 2-2 的运行任务

<6> 导出数据。单击右下角的 "Export data" 按钮，在出现的菜单中选择导出的数据类型（见图 2.37），选择导出数据文件的位置后，即可导出数据。

List or Table 采集包含列表和表格两种，见图 2.38。

图 2.37　案例 2-2 的数据导出

图 2.38　List or Table 采集

列表形式是采集的数据呈现类似系列结构的数据时（如京东商城的商品数据）需要采用的形式，其网页源代码通常是<ul>或<ol>，分别代表无序和有序列表。表格形式是列表形式的一个特例，类似常见的 Excel 表格，数据排列规整。其网页源代码通常是<table>。

【案例 2-3】　使用 "List or Table" 采集列表页面。注意案例 1 仅抓取了第一页的 25 部影片的数据，本案例可以设置抓取的页数，即可以抓取更多部，直至 250 部影片数据。

<1> 在 "Home" 页面单击 "Start" 按钮，选择 "List or Table Extract"（同案例 2-2）。

<2> 定义任务（同案例 2-2）。

<3> 输入 URL 地址 https://movie.douban.com/top250，单击 "Next" 按钮（同案例 2-2）。

<4> 定义列表。图 2.39 下部分显示第三步 URL 页面的内容。选择第一部电影的全部数据，注意，数据四周的点划线边框。上部分显示选择的第 1 条列表数据。然后再选择第二部电影的全部数据，则上部分自动显示了全部 25 条列表数据，见图 2.40。如果列表不符合自己的要求可以单击 "Clear List" 按钮删除列表后重新操作，单击 "Next" 按钮。

<5> 定义字段。列表包含多个字段，从中选择需要抓取的字段，如序号、电影名、导演主演、评分和评价人数等数据，见图 2.41，单击 "Next" 按钮。

图 2.39　案例 2-3 的定义列表 1

图 2.40　案例 2-3 的定义列表 2

图 2.41　案例 2-3 的定义字段

<6> 定义分页。本案例的 250 部电影分 10 页显示，所以选择"Enable pagination"，然后单击页面下部的"后页"，在页面上部可以看到分页链接已经设置好，见图 2.42。设置"Implement pagination"为"5"，表示抓取前 5 页，即 125 部电影的数据。单击"Next"按钮。

图 2.42 案例 2-3 的定义分页

<7> 运行任务抓取数据。单击"Run Task"下的"Local Extraction"，将任务在本地计算机上运行。

<8> 导出数据。单击右下角的"Export data"按钮，选择导出数据类型和数据文件的位置后，即可导出数据（同案例 2-2）。

【案例 2-4】 用 List or Table 采集表格页面。

登录京东页面 www.jd.com，在搜索框中输入"椅子"，结果是一个典型的表格效果。步骤同案例 3，此处不再赘述，见图 2.43。

图 2.43 案例 2-4 的定义列表

List and Detail 采集是从一个列表数据页面进入到每个列子项的详情数据页面，然后采集详情页面的数据，见图 2.44。

图 2.44　List and Detail 采集

【案例 2-5】　用 List and Detail 采集二级页面的数据。

登录页面 https://movie.douban.com/top250，单击某部电影的名字，进入其二级页面，如 https://movie.douban.com/subject/1292052/，然后抓取二级页面的数据。

<1> 在"Home"页面单击"Start"，选择"List and Detail Extract"。单击"Next"按钮（同案例 2-2）。

<2> 定义任务（同案例 2-2）。

<3> 输入 URL 地址（同案例 2-2）。

<4> 定义列表。在图 2.45 的下部分单击第一个链接，即第一部电影的名字，该链接被插入到图 2.45 的上部分，同样单击第二个链接，则自动将首页的 25 个链接插入到图 2.45 的上部分。单击"Next"按钮。

图 2.45　案例 2-5 的定义列表

<5> 定义分页，见图 2.46（同案例 2-3）。

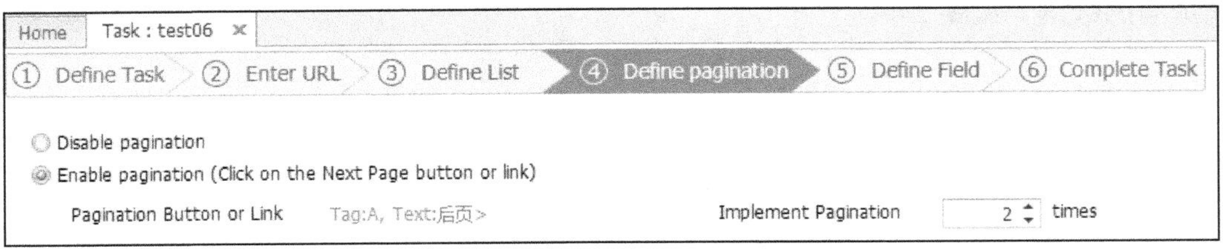

图 2.46　案例 2-5 的定义分页

<6> 定义字段。在二级页面中选择需要抓取的字段，见图 2.47（同案例 2-3）。

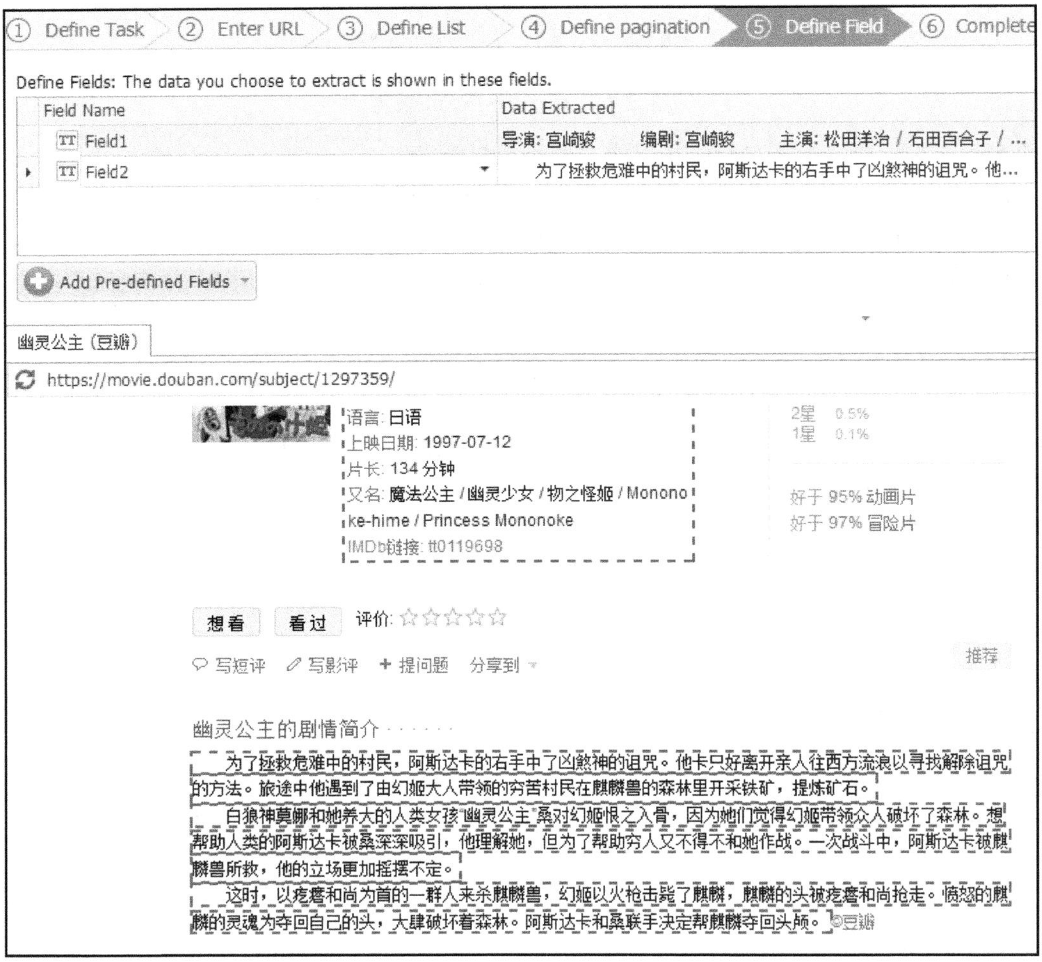

图 2.47　案例 2-5 的定义字段

<7> 运行任务抓取数据。由于每个页面均要打开二级页面，因此任务运行时间较长（同案例 2-2）。

<8> 导出数据（同案例 2-2）。

3．Advanced Mode

Advanced Mode（高级模式）是一种进阶模式，虽然功能强大，但是需要一定的 HTML

基础才能掌握（详见本书第 7 章）。本书略过此种模式，若有需要，读者可以去官方网站的教程中心[38]学习。

2.7　Python 基础

Python 是一种面向对象的解释型程序设计语言，在 1989 年由 Guido van Rossum 在荷兰国家数学和计算机科学研究所设计，并于 1991 年公开发行。

Python 的源代码和解释器 CPython 全部遵循 GPL（General Public License，通用公共许可）协议。任何人均可到 Python 的官方网站[39]，以源代码或二进制形式下载 Python 解释器及其标准扩展库，也可以自由分发。该网站还提供了大量的第三方 Python 模块、程序、工具及附加文档。

Python 语言结构简单，容易学习。Python 包含丰富的跨平台标准库，可以方便地在 UNIX、Windows 和 Mac 操作系统之间切换。作为一种粘合剂语言，Python 可以方便地粘合其他语言编写的代码，如 C、C++和 FORTRAN 编写的程序。虽然 Python 语言功能强大，操作简洁，但本节主要讲解 Python 语言的网络数据抓取功能，即如何使用简单的 Python 语言编写代码，快速而准确地抓取网页上的内容。

虽然可以使用工具从网站上收集数据，但很多个性化数据的获取依旧需要使用编程来实现。考虑到易用性，Python 才是数据获取的最佳选择[40]（见图 2.48）。

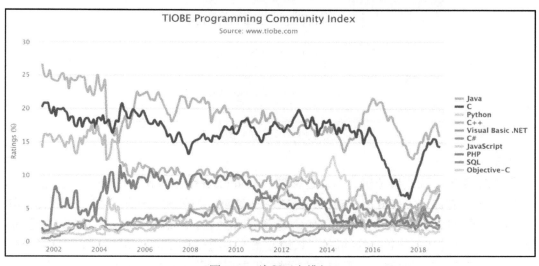

图 2.48　编程语言排行

2.7.1　环境配置

Mac 操作系统自带的 Python 不需配置即可使用，允许多个版本同时存在。图 2.49 显示

[38]　http://www.bazhuayu.com/tutorials
[39]　http://www.python.org
[40]　http://www.tiobe.com/tiobe-index

系统中包含 Python 2.7.10 和 Python 3.7.0 两个版本。

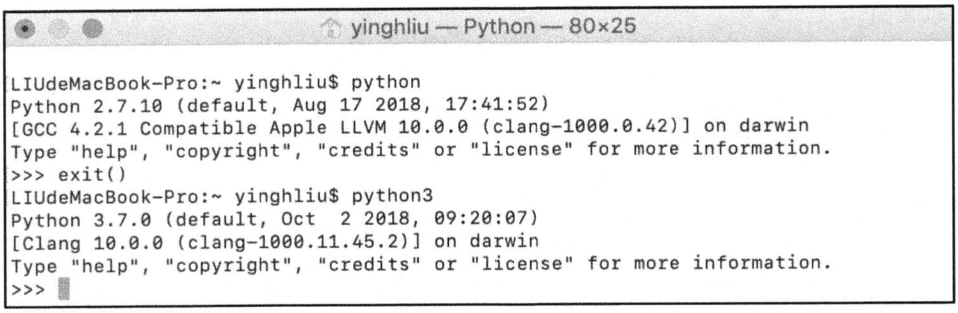

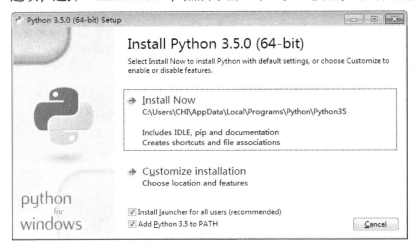

图 2.49　Mac 系统安装的两个 Python 版本

　　Windows 系统下，Python 的安装非常简单。双击下载的安装包，出现 Python 安装向导，见图 2.50，建议勾选界面底部的"Install launcher for all users (recommended)"和"Add Python 3.5 to PATH"选项，选择"Install Now"，然后单击"下一步"按钮，即可完成安装。

图 2.50　Python 安装向导

　　说明：

　　① 如果希望修改安装位置，可以选择"Customize installation"自定义安装模式。

　　② 如果没有勾选"Add Python 3.5 to PATH"选项，需要设置环境变量，设置方法如下。

　　右击"计算机"，在出现的快捷菜单中选择"属性|高级系统设置"，在"高级"选项卡中选择"环境变量"，在弹出的对话框的"系统变量"中选择"Path"，见图 2.51，然后单击"编辑"按钮；在弹出的"编辑系统变量"对话框的"变量值"中添加 Python 的安装路径，见图 2.52。如 Python 的安装路径是"C:\python"，则添加";C:\python"（不区分大小写），前面的";"是为了分隔多个安装路径。

　　安装结束后，可以在"cmd 命令行"中输入"python"，如果出现图 2.53 所示的 Python 版本的数据，则表明安装正确。

　　另外，退出 Python 的函数是"exit( )"。

　　也可以选择"开始"菜单的"Python 3.5|IDLE（Python 3.5 64-bit）"，出现图 2.54 所示的信息，表明安装正确。

图 2.51　设置 Python 环境变量

图 2.52　编辑系统变量

图 2.53　命令行显示 Python 版本的数据

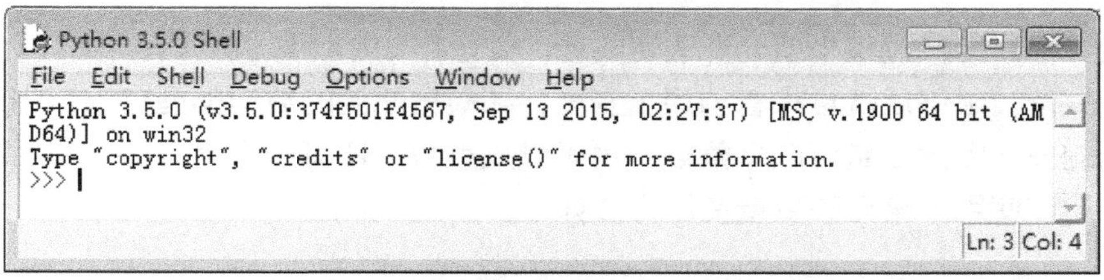

图 2.54　Python 交互窗口

2.7.2　第一个 Python 程序

我们用 2.7.1 节介绍的第二种方法进入 Python 交互窗口，完成第一个 Python 程序。先尝试 Python 的使用方法，使用"print("hello world")"函数实现输出，见图 2.55。

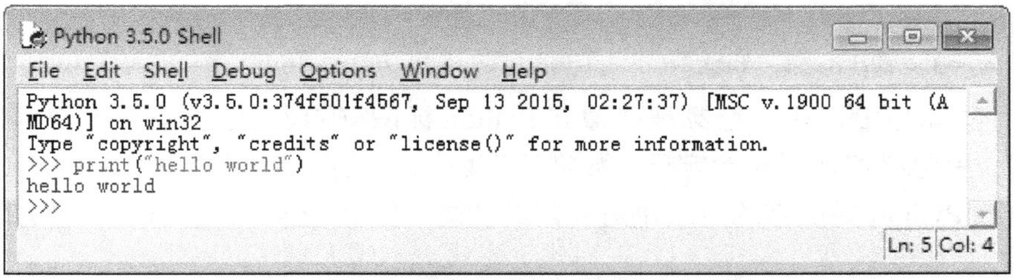

图 2.55　第一次使用 Python

然后新建第一个 Python 程序，并运行该程序，见图 2.56，具体步骤如下。

<1> 选择 "File|New File" 菜单命令，新建程序文件。然后输入如下代码，注意英文大小写。

```
print("hello world")
```

<2> 选择 "File|Save" 菜单命令，保存文件为 "1.py"。

<3> 选择 "Run|Run Module" 菜单命令或按 F5 键运行程序，结果见图 2.56。

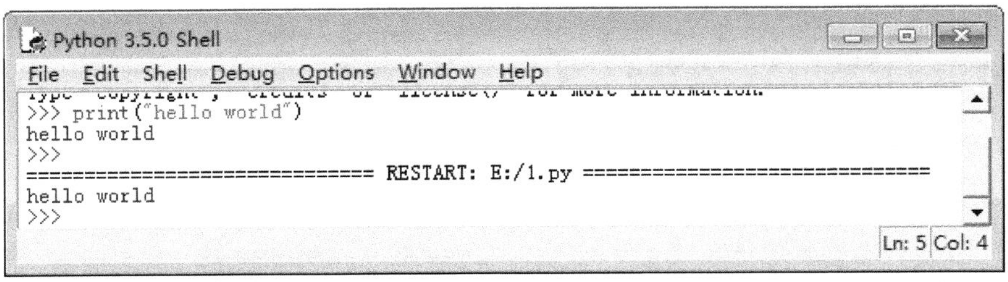

图 2.56　程序 "1.py" 运行结果

说明：

① 函数 print( ) 是 Python 的一个重要输出函数，功能是将括号中的一个或多个对象输出。本例中将字符串 "hello world" 直接输出。实际上，该函数还可以输出数值、布尔、列表和字典等对象。

② Python 语言严格区分大小写，使用函数时注意括号和双引号均为英文格式。

2.7.3　变量和运算符

变量是在程序运行过程中值允许改变的量。变量存储在计算机的内存中，Python 变量不需要声明，变量被赋值后就意味着创建了变量，即根据赋值的数据类型在内存中开辟一块空间保存变量的值，因此变量可以是整数，也可以是小数，还可以是字符等，在后续章节中有更详细的介绍和使用。常见的变量使用方法如下。

```
var1 = 1
var2 = 3.14
var3 = "abc"
```

第 1 条语句为变量 var1 赋值为整数 1，第 2 条语句为变量 var2 赋值为小数 "3.14"，第 3 条语句为变量 var3 赋值为字符串"abc"。

用 "=" 为变量赋值，左侧是变量名，右侧是变量值。Python 也允许同时为多个变量赋相同或不同的值，格式如下。

```
var1 = var2 = var3 = 1
var1, var2, var3 = 1, 3.14, "abc"
```

变量名是标识符的一种，必须严格遵守 Python 标识符的规定。变量名的首字符必须是字母或下划线，其他字符可以包含字母、数字和下划线。注意，变量名不可以是 Python 保留的关键字。查看 Python 关键字的方法是进入帮助功能，然后输入 "keywords"，具体方法如下。

```
>>> help()
help> keywords
```

注意：help( )函数的功能是查看函数或模块用途的详细说明，按 q 键退出帮助。
Python 的关键字有 25 个，见图 2.57。

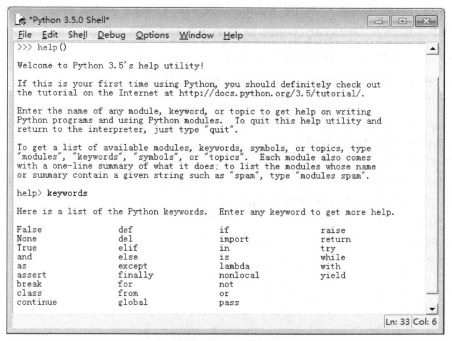

图 2.57　Python 的关键字

变量被赋值后，可以使用 type( )函数查看变量中保存值（或者说对象）的数据类型，使用 id( )函数查看其分配的内存空间，具体方法如下。

```
>>> var1, var2, var3 = 1, 3.14, "abc"
>>> type(var1)
<class 'int'>
>>> type(var2)
<class 'float'>
>>> type(var3)
<class 'str'>
>>> id(var2)
3975760
```

说明：

① 变量 var1 保存的对象是整数数据（int），变量 var2 保存的对象是浮点（也称为小数）型数据（float），这两种数据统称为数值型数据。变量 var3 保存的对象是字符串（str）。

② 对象是有数据类型的，但变量无数据类型。如上例中的小数"3.14"是浮点型数据类型的对象，被赋予变量 var2，变量可以被多次赋值，每次赋值的对象的数据类型可以是不同的。例如：

```
>>> var1, var2, var3 = 1, 3.14, "abc"
>>> type(var2)
<class 'float'>
>>> var2 = 100
```

```
>>> type(var2)
<class 'int'>
```

Python 有 6 种数据类型，分别是 Number（数字）、String（字符串）、List（列表）、Tuple（元组）、Sets（集合）、Dictionary（字典）。本节主要介绍前 3 种数据类型。

1．Number（数字，也称为数值）型数据

Python 支持 4 种数值型数据，除了前面使用的 int 和 float，还有 bool（布尔）和 complex（复数）。

```
>>> var4, var5 = True, 2 + 3j
>>> print(type(var4), type(var5))
<class 'bool'> <class 'complex'>
```

布尔型数据仅包含"True"和"False"两个值，对应的数字分别是"1"和"0"，它们可以与数字相加，任意布尔型数据也可以相加。例如：

```
>>> var4 = True
>>> var6 = False
>>> print(var4)
True
>>> print(var6)
False
>>> print(var4 + var6)
1
>>> print(var4 + var6 + 10)
11
```

复数型数据由实数和虚数构成，如"a + bj"，或者用函数 complex(a, b)表示。例如：

```
>>> var5 = 2 + 3j
>>> var7 = 5 + 6.5j
>>> print(var5 + var7)
(7+9.5j)
```

2．String（字符串）型数据

字符串是由单引号（'）或双引号（"）括起来的零个或多个字符。字符串的索引以"0"为初始值，索引"-1"为右侧末尾的位置。如 2.7.2 节中第一个 Python 程序中的字符串"hello world"，字符串的索引值可以方便地将字符串中的部分字符取出，例如：

```
>>> var8 = "university"
>>> print(var8[0])
u
>>> print(var8[-1])
y
>>> print(var8[3:])
versity
>>> print(var8 * 2)
universityuniversity
>>> print("UCASS " + var8)
UCASS university
```

```
>>> print(var8[6:9])
sit
```

说明：

① "[0]"表示字符串的第 1 个字符，"[-1]"表示字符串的最后一个字符。

② "[3:]"表示字符串的第 4 个至最后一个字符。

③ "var8*2"表示复制当前字符串，数字表示复制的次数。

④ "UCASS" + var8 表示将两个字符串连接。

⑤ "[6:9]"表示字符串的第 7～9 个字符。

字符串使用"+"运算符时，必须保证左右两侧均是字符串，若数据类型不正确，可能导致出错。例如：

```
>>> print(100 + var8)
Traceback(most recent call last):
   File "<pyshell#57>", line 1, in <module>
      print(100 + var8)
TypeError: unsupported operand type(s) for +: 'int' and 'str'
>>> print(str(100) + var8)
100university
```

说明：

① 表达式"100 + var8"中，"+"运算符左侧不是字符串，运算后产生了错误。

② 可以使用 str(100)函数将数字 100 变成字符串"100"，即可避免这类问题。

字符串中的"\"是转义特殊字符，具有特殊的含义。如"\n"表示换行，如不希望"\"转义，可以在字符串前面添加字符"r"，常见的转义特殊字符见表 2.6。例如：

```
>>> print('uni\nversity')
uni
versity
>>> print(r'uni\nversity')
uni\nversity
```

表 2.6　转义特殊字符

转义字符	描　　述	转义字符	描　　述
\'	单引号	\n	换行
\"	双引号	\r	回车
\b	退格（Backspace）	\t	横向制表符

字符串还有一个经常使用的函数 len( )，其功能是返回字符串的长度。例如：

```
>>> var8 = "university"
>>> len(var8)
10
```

3．List（列表）型数据

Python 的列表型数据功能强大，在进行网页内容获取的时候被频繁使用。列表由写在"[ ]"之间、用","分隔的元素构成。列表中元素的类型可以不同，最常用的元素类型是数字、字符串和嵌套列表（即列表中的一个元素是另一个列表）。定义列表类型的变量方法如下。

```
>>> var9 = [1, 3.14, 'abc', "UCASS"]
```

与字符串类似，也可以使用索引值表示列表中的元素。例如：

```
>>> print(var9)
[1, 3.14, 'abc', 'UCASS']
>>> print(var9[0])
1
>>> print(var9[2:])
['abc', 'UCASS']
>>> print(var9 * 2)
[1, 3.14, 'abc', 'UCASS', 1, 3.14, 'abc', 'UCASS']
```

说明：

① "print(var9)" 表示输出列表的全部元素。

② "var9 [0]" 表示列表的第 1 个元素。

③ "var9[2:]" 表示列表的第 3 个至最后一个元素。

④ "var9 * 2" 表示复制当前列表 2 次。

列表的常用函数有 append( )、reverse( )、count( )、index( )、insert( )、remove( )和 sort( )等。

函数 append( )的功能是将参数追加入列表对象的结尾。reverse( )函数的功能是将列表对象中的元素按所在位置进行反转。count( )函数的功能是返回列表中某元素的个数。例如：

```
>>> var9.append('abc')
>>> print(var9)
[1, 3.14, 'abc', 'UCASS', 'abc']
>>> var9.reverse()
>>> print(var9)
['abc', 'UCASS', 'abc', 3.14, 1]
>>> var9.count('abc')
2
```

函数 index( )的功能是返回参数在列表中的索引位置。函数 insert( )的功能是在任何位置增加一个列表元素。函数 remove( )的功能是删除列表元素。例如：

```
>>> print(var9)
['abc', 'UCASS', 'abc', 3.14, 1]
>>> var9.index('UCASS')
1
>>> var9.insert(1, "ABC")
>>> print(var9)
['abc', 'ABC', 'UCASS', 'abc', 3.14, 1]
>>> var9.remove("abc")
>>> print(var9)
['ABC', 'UCASS', 'abc', 3.14, 1]
>>> var9.remove("university")
Traceback (most recent call last):
  File "<pyshell#97>", line 1, in <module>
    var9.remove("university")
ValueError: list.remove(x): x not in list
```

说明：

① 函数 insert( )包含两个参数，第一个参数是索引值，第二个参数是插入内容。

② 函数 remove( )只有一个参数，即删除的列表元素，若列表中包含参数，则删除列表中找到的第一个列表元素，如上例 var9.remove("abc")只删除第一个元素"abc"，而未删除第二个"abc"元素。若参数并不能在列表中找到，则返回错误提示数据。

思考： 列表 var9 包含两个相同的元素'abc'，则函数 index('abc')返回哪个的索引值？

函数 sort( )的功能是对列表元素进行从小到大的排序，若列表元素的数据类型不同，则无法排序（有些 Python 版本也支持数据类型不同的列表元素排序，如 Python 2.7.10），显示错误数据。例如：

```
>>> print(var9)
['ABC', 'UCASS', 'abc', 3.14, 1]
>>> var9.sort()
Traceback(most recent call last):
    File "<pyshell#101>", line 1, in <module>
        var9.sort()
TypeError: unorderable types: float() < str()
>>> var9.remove(3.14)
>>> var9.remove(1)
>>> var9.sort()
>>> var9
['ABC', 'UCASS', 'abc']
>>> var9.sort(reverse = True)
>>> var9
['abc', 'UCASS', 'ABC']
>>> var9.insert(1, 'abcd')
>>> var9
['abc', 'abcd', 'UCASS', 'ABC']
>>> var9.sort(key = len)
>>> var9
['abc', 'ABC', 'abcd', 'UCASS']
```

说明：

① 函数 sort( )出现无法排序的错误提示，是因为列表元素有字符串，还有整数和小数，而字符串和数值型数据是无法比较大小的。

② 函数 sort( )使用"reverse=True"参数时，是按照从大到小降序排列。

③ 函数 sort( )使用"key=len"参数时，是按照长度从小到大升序排列。

④ 单独使用 var9 的功能与 print(var9)相同，功能是输出列表的全部元素。

Python 语言支持的运算符包括算术运算符、比较（关系）运算符、赋值运算符、逻辑运算符、位运算符、成员运算符和身份运算符。赋值运算符在前面的案例中已经多次使用，算术运算符、比较（关系）运算符和逻辑运算符应用广泛。

4．算术运算符

算术运算符见表 2.7。假设变量 a 赋值为 23，变量 b 赋值为 10，变量 c 赋值为"TV"。

表 2.7　算术运算符

算术运算符	描　　述	实　　例
加法运算符 +	将运算符左右内容相加	a + b = 33
减法运算符 -	将运算符左右内容相减	a - b = 13
乘法运算符 *	将运算符左右内容相乘，若是字符串，则表示重复	a * b = 230 c * 2 = "TVTV"
除法运算符 /	将运算符左右内容相除	a / b = 2.3
取模运算符 %	返回运算符左右内容相除的余数	a % b = 3
幂运算符 **	返回运算符左侧内容的右侧内容次幂	a ** b = 23^{10}
整除运算符 //	返回运算符左右内容相除商的整数	a // b = 2

说明：

① 乘法运算符的左右两侧均为数字型数据时，表示两个数字相乘。当左侧为字符串、右侧为整数 n 时，表示复制左侧字符串 n 次。

② 23 除以 10 的商是 2 余数是 3，所以取模运算"a % b= 3"，而整除运算"a // b = 2"。

5．比较（关系）运算符

比较运算符见表 2.8。假设变量 a 赋值为 23，变量 b 赋值为 10。

表 2.8　比较运算符

比较运算符	描　　述	实　　例
等于运算符==	比较运算符左右两侧是否相等	a == b 的结果是 False
不等于运算符!=	比较运算符左右两侧是否不等	a != b 的结果是 True
大于运算符>	比较运算符左侧是否大于右侧	a > b 的结果是 True
小于运算符<	比较运算符左侧是否小于右侧	a < b 的结果是 False
大于等于运算符>=	比较运算符左侧是否大于或等于右侧	a >= b 的结果是 True
小于等于运算符<=	比较运算符左侧是否小于或等于右侧	a <= b 的结果是 False

说明：比较运算符的运算结果只能是"True"或"False"。"True"或"False"都是 Python 关键字，首字母大写，且默认为蓝色显示。

6．逻辑运算符

逻辑运算符见表 2.9。假设变量 a 赋值为 23，变量 b 赋值为 10，变量 c 赋值为 0，变量 d 赋值为"True"，变量 e 赋值为"False"。

表 2.9　逻辑运算符

逻辑运算符	描　　述	实　　例
并且运算符 and	只有运算符两侧均为"True"，结果才为"True"，否则结果是"False" 当运算符两侧均为数字型数据时，只要无零值，结果是右侧的数字。若有零值，结果为 0	d and e 的结果是"False" a and b 的结果是 10 a and c 的结果是 0
或者运算符 or	只有当运算符两侧均为"False"，结果才为"False"，否则结果是"True" 当运算符两侧均为数字型数据时，只要无零值，则结果是左侧的数字。若均为零值，结果是 0	d or e 的结果是"True" a or b 的结果是 23 c or c 的结果是 0
非运算符 not	单运算符，此运算符只有一个运算变量。当变量为"True"时运算后结果为"False"。当变量为"False"时运算后结果为"True"	not d 的结果是"False" not a 的结果是"False" not c 的结果是"True"

说明：任何非零数字型数据均认为是逻辑值"True"，逻辑值"True"和"False"可以与数字型数据进行算术运算，此时逻辑值"True"被认为是数字1，"False"是数字0。

7．成员运算符

成员运算符见表2.10。假设变量 a 赋值为"abc"，变量 b 赋值为"Abc"（注意字符串的大小写），变量 c 赋值为列表['ABC', 'UCASS', 'abc']。

表2.10　成员运算符

成员运算符	描　　述	实　　例
运算符 in	若能在运算符右侧的序列中找到左侧的值，则返回"True"，否则返回"False"	a in c 的结果是"True" b in c 的结果是"False"
运算符 not in	若不能在运算符右侧的序列中能找到左侧的值，则返回"True"，否则返回"False"	a not in c 的结果是"False" b not in c 的结果是"True"

2.7.4　条件语句

Python 语言包含三种语句，最简单的是顺序语句，即按照语句的先后顺序执行。第二种是条件语句，根据条件进行判断和选择执行的语句。第三种是循环语句，根据条件决定执行的次数。

条件语句也称为分支语句或 if 语句，格式如下。

```
if condition_1:
    statement_block_1
elif condition_2:
    statement_block_2
else:
    statement_block_3
```

说明：

① 必须使用4个空格的缩进表示语句块的开始和结束。

② 条件和 else 后面的"："必须书写。

③ 根据需要，决定 elif 语句的个数及是否包含 else 语句。

1．单分支条件语句

条件语句的使用方法有多种情况，最简单的单分支条件语句只包含一个 if，没有 elif 和 else。只有一个分支。例如，新建一个程序文件 test.py。

```
a = 10
if a > 0:
    print(str(a)+"是正数")
```

程序运行结果如下：

```
10 是正数
```

说明：变量 a 赋值为整数10，输出时必须使用函数 str(a)转换为字符串，才能使用"+"运算符。

2．双分支条件语句

双分支条件语句包含两个分支，根据条件是"True"还是"False"来决定执行的分支。例如：

```
a = 10
if a > 0:
    print(a)
    print("是正数")
else:
    print(a)
    print("是非正数")
print("end")
```

程序运行结果如下：

```
10
是正数
end
```

说明：缩进表示语句块的开始和结束，最后一行语句没有任何缩进，不属于 if 语句，也不属于 else 语句，是单独的一条顺序语句，无论条件"a>0"的结果是"True"还是"False"，均执行该条语句。

3．多分支条件语句

多分支条件语句包含三个或以上的分支，根据条件结果执行相应的分支。例如：

```
a = 10
if a > 0:
    print(a)
    print("是正数")
elif a == 0:
    print(a)
    print("是零")
else:
    print(a)
    print("是负数")
print("end")
```

程序运行结果如下：

```
10
是正数
end
```

说明：

① 判断变量 a 是否是零值的语句是"a==0"，不能写成"a=0"，前者"=="是比较运算符，后者"="是赋值运算符。

② 本例中条件语句只包含一个 elif 分支，实际上可以根据需要包含多个 elif 分支，只有当前面的所有条件均不为"True"时才执行 else 语句。

③ 各条件不能有交集。

4．注释

注释是对程序代码的解释和说明。注释并不执行，对程序的运行结果也没有任何影响，主要用于帮助自己或他人更好地理解代码。注释要准确简洁，格式一致，尽量保证注释与所注释的代码相邻，一般在代码的上方或右侧进行注释。例如：

```
#这是一个多分支 if 语句
'''
第一次使用多行注释
Eva 的第一个 if 语句
'''
a = 10
if a > 0:                              #判断条件是否成立
    print(str(a)+ "是正数")
```

程序运行结果如下：

```
10 是正数
```

说明：

① 单行注释以"#"开头，可以在所注释代码的上方或右侧。

② 多行注释需要在注释的上面使用 3 个英文引号、下面使用 3 个英文引号。引号可以是单引号或双引号，但上下引号必须一致。

2.7.5 循环语句

在编写程序时经常需要完成大量的重复工作，为了减少代码的长度，提高程序可读性，降低复杂度，可以使用循环语句完成这类问题。

Python 包含两种循环语句：for 循环、while 循环。

1．for 循环语句

Python 中的 for 循环语句可以方便地遍历一个序列的全部元素，如一个列表中的每个元素，一个字符串中的每个字符。例如：

```
for iterating_var in sequence:
    statements(s)
```

遍历列表元素的代码如下：

```
langs = ['Java', 'C', 'Python', 'C++']
for c in langs:
    print(c)
```

程序运行结果如下：

```
Java
C
Python
C++
```

说明：

① 程序共循环 4 次。第 1 次循环取出列表 langs 中的第一个元素'Java'并打印，然后依次

取出第二个、第三个、第四个元素并打印。

②　循环语句中的变量 c 用于临时存储每次循环取出的元素，此变量名只需符合标识符规则即可，名字可以任意设定。

遍历列表元素的方法不止一种，也可以使用如下代码实现。

```python
langs = ['Java', 'C', 'Python', 'C++']
for i in range(0, len(langs)):
    print(langs[i])
```

说明：

①　函数 len(langs)用于返回 langs 列表的元素个数，本例返回"4"。

②　函数 range(start, end, step)包含 3 个参数。start 设置计数的起始值。end 设置计数的结束值，但不包括 end。step 设置每次增加的间距，默认为 1。本例的 range(0, 4)表示从 0 开始，每次增加 1，包含 1、2、3 但不包含 4，即打印 langs[0]、langs[1]、langs[2]、langs[3]，遍历了列表的全部元素。

遍历字符串的代码如下。

```python
lang = "123"
for c in lang:
    print(c)
```

程序运行结果如下：

```
1
2
3
```

说明：

①　循环语句中的变量 c 用于临时存储字符串中的每个字符。

②　本循环语句共循环 3 次。

2．while 循环语句

Python 中，while 循环语句包含一个执行条件，当条件满足时就执行某段程序，直至条件不再满足。例如：

```python
while expression:
    statement(s)
```

使用 while 循环语句遍历列表元素的代码如下。

```python
langs = ['Java', 'C', 'Python', 'C++']
i = 0
while i < len(langs):
    print(langs[i])
    i = i + 1
```

程序运行结果如下：

```
Java
C
Python
C++
```

说明：

① 本例中的函数 len(langs)的返回值是 4。变量 i 的初始值是 0，满足条件，则循环 1 次，变量 i 的值重新赋值为 1；然后循环判断条件是否满足，直到变量 i 赋值为 4 时，条件不再满足，退出循环。本例共循环 4 次。

② 本例中的变量 i 必须在 while 循环语句前赋值，否则变量 i 没有赋值，无法进行条件判断。

循环语句 while 和 for 中经常使用 break 语句终止循环（即使满足循环条件也会停止执行）。continue 语句用于跳出本次循环，执行下一次循环。注意，break 语句将终止整个循环。例如：

```
sum = 0
for i in range(1, 10):
  sum = sum + i
  if(sum > 10):
    break
print("1 + 2 + ... + " + str(i) + " = " + str(sum))
```

程序运行结果如下：

```
    1 + 2 + ... + 5 = 15
```

说明：

① 程序的功能是从 1 开始的整数相加，当和大于 10 时不再相加跳出循环，打印输出。

② for 循环语句的循环体包含两条语句。第一条是 "sum = sum + i"，第二条是 if 语句，当条件 "sum > 10" 的结果是 "True" 时，执行 break 语句，即条件满足退出 for 循环语句，执行 for 循环语句后面的 print 语句。

③ 程序最后的 print 语句的缩进格式表示这条语句不属于 for 循环，如该语句缩进，则属于 for 循环，该语句循环 4 次，输出如下。

```
    1 + 2 + ... + 1 = 1
    1 + 2 + ... + 2 = 3
    1 + 2 + ... + 3 = 6
    1 + 2 + ... + 4 = 10
```

例如，语句 continue 如下。

```
sum = 0
for i in range(1, 10):
  if(i % 2 == 0):
    continue
  sum = sum + i
print("1 + 3 + ... + "+str(i)+" = "+str(sum))
```

程序运行结果如下：

```
    1 + 3 + ... + 9 = 25
```

说明：

① 程序的功能是将 1～10 中的奇数相加，当超出 10 时不再相加跳出循环，打印输出。

② for 循环语句的循环体包含两条语句。第一条是 if 语句，当条件 "i % 2 == 0" 的结果

是"True"时，即当变量 i 是偶数时，执行 continue 语句，跳出本次循环，即不执行第二条语句"sum = sum + i"，进入下一次循环。

循环语句还有一种包含 else 子句的用法，当循环条件不满足结束循环时执行，但循环被 break 语句终止时不执行。

输出 20～30 之间的质数的代码如下：

```python
for n in range(20, 30):
    for x in range(2, n//2):
        if n % x == 0:
            break
    else:
        # 循环条件不满足结束循环后执行
        print(n, '是质数')
```

程序运行结果如下：

```
23 是质数
29 是质数
```

说明：

① 这是一个循环嵌套，即 for 循环语句中包含另一个 for 循环语句。

② 第二个 for 循环语句的范围是 range(2, n//2)，"n//2"表示 n 整除 2 的值。

③ 循环语句中的 if 语句的条件"n % x == 0"表示当 n 能被 x 整除时，执行 break 语句终止内部的 for 循环，即不执行后面的 else 语句。但不影响外部 for 循环，即终止内部嵌套的 for 循环后，继续执行外部 for 循环。

④ 当内部 for 循环一直没有满足 if 条件，但因为超出 range(2, n//2)范围而终止时，执行 else 语句，即 n 不能整除 2～n//2 的所有整数，则可判断其为质数。

思考：若将 else 语句缩进到与 if 语句同列，则运行结果如何？

2.7.6 输入和输出

Python 语言经常使用 print( )函数完成输出，使用函数 input( )实现输入。函数 print( )在前面的案例中已经多次使用，本节介绍如何使用该函数完成格式化输出，例如：

```python
var1 = "Beijing"
var2 = len(var1)
print("字符串%s 的长度是%d" % (var1, var2))
```

程序运行结果如下：

```
字符串 Beijing 的长度是 7
```

说明：

① 函数 print( )中的 "%" 符号表示转换说明符的开始。转换说明符的具体含义见表 2.11。

② 函数 print( )还可以设置左对齐，显示正负号，设置最小字段宽度和精度等格式，具体参见帮助文档[41]。

表 2.11　字符串格式化转换类型

转换类型	描　　述
s	字符串（使用 str 函数转换其他 Python 对象）
d, i	带符号的十进制整数
C	单字符
o	不带符号的八进制
u	不带符号的十进制
x	不带符号的十六进制（小写）
X	不带符号的十六进制（大写）
e	科学计数法表示的浮点数（小写）
E	科学计数法表示的浮点数（大写）
f, F	十进制浮点数
r	字符串（使用 repr 转换任意 python 对象）
g	如果指数大于-4 或者小于精度值则和 e 相同，其他情况和 f 相同
G	如果指数大于-4 或者小于精度值则和 E 相同，其他情况和 F 相同

```
str = input("input your name: ");
print("your name is: ", str)
```

函数 input( )的功能是返回用户输入的字符串，默认的标准输入是键盘，每次仅读入一行文本。

程序运行结果如下：

```
input your name: Eva
your name is:  Eva
```

说明：

① 函数 input( )包含一个参数时用于提示用户输入的内容。

② 程序运行 input( )时，需要用户手动输入内容并回车后才能继续执行其他语句。

2.7.7　文件的读/写

文件对象用于建立与磁盘文件的联系，可以实现文件内容的读取，将字符串写入文件，或将获取的网络数据使用文件对象存储，方便后续的修改和使用。

读/写文件前，先用 open( )函数打开一个文件，该函数的功能是返回一个文件对象。其格式如下：

```
f = open(filename, mode)
```

说明：

① 第一个参数表示文件的名字，第二个参数说明打开文件的模式，即如何使用该文件，该参数省略，表示文件以"r"模式打开。文件的打开模式见表 2.12。文件的打开模式可以有多种组合，如"r"模式表示以只读方式打开文件，"r+"模式是文件既可读也可写，从文件头部开始写，覆盖原文件的内容，但不会创建不存在的文件。"w+"模式是文件既可读也可写，若文件存在，则覆盖整个文件，与"r+"模式不同的是，若文件不存在，则新建文件。

表 2.12　模式参数

模　式	描　述
r	只读
w	只写。如果文件已存在，则将其覆盖，否则创建一个新文件
+	读写（不能单独使用）
a	打开文件用于追加，只写，若不存在，则创建一个新文件
b	以二进制模式打开（不能单独使用）

② 通常情况下，文件是以文本模式打开的，读写采用默认的 UTF-8 编码格式，以二进制模式打开的情况使用较少，一般以字节的形式进行读写操作。

文件对象 file 的常用函数见表 2.13。

表 2.13　文件对象的常用函数

函　数	描　述
close( )	关闭文件
flush( )	刷新文件内部缓冲，直接把内部缓冲区的数据写入文件
next( )	返回文件下一行
read([size])	从文件读取指定的字节数，无参数，则读取所有字符
readline([size])	读取整行，包括"\n"字符
readlines([sizeint])	读取所有行并返回列表，若 sizeint 是非负数，则返回总和为 sizeint 字节的行
write(str)	将字符串写入文件

例如，读取文件内容的代码如下：

```python
f = open('test.txt', 'r')
print("文件名为: ", f.name)
line = f.read(10)
print ("读取的字符串: %s" % (line))
f.close()
```

说明：

① 代码的第 1 行以只读方式打开文件"test.txt"，函数 open( )生成文件对象 f。

② "f.name"的功能是返回文件对象 f 的文件名。

③ 函数 f.read(10)从文件头部开始读取 10 字节后，赋值给变量 line。

例如，将字符串写入文件的代码如下：

```python
var1 = 'hello Python'
f  = open('test.txt', 'w')
f.write(var1)
f.close()
```

说明：

① 代码第 2 行以只写方式打开文件"test.txt"，若该文件不存在，则新建此文件。

② 代码"f.write(var1)"的功能是将变量 var1 的字符串写入对象 f 指向的文件"test.txt"。

③ 最后一行代码用于关闭文件。

例如，从一个文件中读取内容写入另一个文件的代码如下：

```python
f1 = open("input.txt")
```

```
f2 = open("output.txt", "w")
while True:
    line = f1.readline()
    f2.write(line)
    if not line:
        break
f1.close()
f2.close()
```

说明：

① 第 1 行缺少文件打开模式，默认表示文件以只读模式打开。

② 循环语句 while 多次执行，直到文件"input.txt"中的内容全部被读取。循环体中使用 if 语句判定是否退出循环，当内容全部读取后，再次读取时变量 line 的值为空，不符合条件，则使用语句 break 结束循环。

③ 最后 2 行代码分别关闭两个文件。

2.8 Beautiful Soup 库

Beautiful Soup 库可以方便地解析 HTML 或 XML 网页文件，从中提取出个性化数据。本节使用 Beautiful Soup 4.4.0 版本，具体内容可以查阅中文帮助文档[42]。Beautiful Soup 自动将输入文档转换为 Unicode 编码，输出文档转换为 UTF-8 编码，所以编写代码时不需要考虑编码方式。

2.8.1 安装 Beautiful Soup

pip 是用于管理 Python 的第三方包。若用户选择的 Python 版本安装后没有 pip，需先下载 pip[43]。

安装 Beautiful Soup 前先安装 Python，再下载安装 Beautiful Soup[44]，具体安装步骤如下。

<1> 确认 Python 的安装位置。如 2.7.1 节中选择默认安装，安装位置类似"C:\Users\LIU\AppData\Local\Programs\Python\Python35"。虽然计算机名称不同、安装位置不同，但是默认情况下均安装在 C 盘。也可以自定义安装位置，如"D:\Programs\Python\Python35"。

<2> 解压下载的文件"beautifulsoup4-4.4.0.tar.gz"，解压路径为 Python 的安装路径，具体路径见<1>，因为解压后的文件夹名称过长，为了方便使用，将"beautifulsoup4-4.4.0"重命名为"beautifulsoup4"。

<3> 进入"CMD 命令行"窗口，输入命令，切换到 Python 的安装路径，如"D:\Programs\Python\Python35\beautifulsoup4"目录下。

<4> 运行安装命令。进入"beautifulsoup4"目录，然后安装，命令行如下。安装界面见图 2.58。

---

[42] http://beautifulsoup.readthedocs.io/zh_CN/latest/#id1
[43] https://pypi.python.org/pypi/pip#downloads
[44] https://www.crummy.com/software/BeautifulSoup/bs4/download/4.0

```
C:\Users\LIU>d:
D:\>cd d:\Programs\Python\Python35\beautifulsoup4
D:\ Programs\Python\Python35\beautifulsoup4> setup.py install
```

图 2.58 安装 "beautifulsoup4" 库

<5> 检查安装是否正确。在 "CMD 命令行" 窗口中输入 "python"，启动 Python，然后输入如下信息。若没有错误提示，则表示 Beautiful Soup 安装正确。

```
>>> from bs4 import BeautifulSoup
```

Beautiful Soup 为不同的解析器提供了相同的接口，但解析器本身是不同的，所以同一个 Web 页面使用不同的解析器解析后可能生成不同结构的树型文档。常见的 Beautiful Soup 解析器见表 2.14。

表 2.14 Beautiful Soup 解析器[45]

解析器	使用方法	优　势	劣　势
Python 标准库	BeautifulSoup(markup,"html.parser")	Python 的内置标准库，执行速度适中，文档容错能力	对早期版本的中文容错能力差
HTML 解析器	BeautifulSoup(markup,"lxml")	速度快，文档容错能力强	需要安装 C 语言库
XML 解析器	BeautifulSoup(markup,["lxml-xml"]) BeautifulSoup(markup,"xml")	速度快，唯一支持 XML 的解析器	需要安装 C 语言库
html5lib	BeautifulSoup(markup,"html5lib")	最好的容错性，以浏览器的方式解析文档，生成 HTML5 格式的文档	速度慢，不依赖外部扩展

因为用户对 C 语言库不熟悉，所以很多非专业编程人员更喜欢 Python 标准库，但是对 Python 2.7.3 及之前的版本和 Python 3.2.2 之前版本的中文容错能力差，HTML 解析方法不够稳定。

2.8.2　使用 Beautiful Soup 抓取网页数据

若对 HTML 没有任何基础，则请先学习 5.2 节。

---

[45]　内容来源于帮助文档 http://beautifulsoup.readthedocs.io/zh_CN/latest/#id12

本节使用火狐（Firefox）浏览器，建议尽可能选择高版本。使用浏览器打开 Web 页面"https://movie.douban.com/top250?start=0&filter="，此 Web 页面显示了"豆瓣电影 TOP250"，包含豆瓣网站给出的排名前 250 的影片数据。查看其源代码，选择"工具|Web 开发者|页面源代码"菜单命令，也可以右击页面，在出现的快捷菜单中选择"查看页面源代码"，源代码见图 2.59。

图 2.59　使用火狐浏览器查看页面源代码

Web 页面一般包含三类代码。JavaScript 代码放在<script>标签中，主要功能是完成用户与 Web 页面的互动，实现一种动态效果。<style>标签中是 CSS 代码，用于设置网页的外观，如颜色、字体和位置等。其他代码都是 HTML 代码，包含网页的实际内容。

抓取网页中的数据就是获取 HTML 的内容，需要导入 urllib.request 模块和 BeautifulSoup 库，然后使用 BeautifulSoup 库的 find( )方法返回 Web 页面中符合条件的所有标签，最后通过 get_text( )方法和标签属性获取个性化数据。

下面代码的功能是获取"豆瓣电影 TOP250"第一个页面（250 个电影分 10 页显示，每页显示 25 个电影）的电影序号、链接、名字和图片。

```python
import urllib.request
from bs4 import BeautifulSoup
url="https://movie.douban.com/top250?start=0&filter="
f=open("output.xls", "w")
page=urllib.request.urlopen(url)
soup=BeautifulSoup(page, "html.parser")
table=soup.find("ol", {"class":"grid_view"})

for row in table.findAll("li"):
    no = row.find("div", {"class":"pic"}).find("em").get_text()
    href = row.find("div", {"class":"pic"}).find("a")["href"]
    name = row.find("div", {"class":"pic"}).find("a").find("img")["alt"]
    pic = row.find("div", {"class":"pic"}).find("a").find("img")["src"]
    print(str(no) + "," + str(href) + "," + str(name) + "," +str(pic), file=f)
f.close( )
```

说明：

① 第 1 条语句导入"urllib.request"模块，目的是方便地抓取 URL 内容，就是发送一个 GET 请求到指定的页面，然后返回 HTTP 的响应。第 2 条语句导入 BeautifulSoup 库。

② 变量 url 赋值为一个字符串（网页地址）。

③ 第 4 条语句以"只写"模式打开文件"output.xls"，文件对象赋值给变量 f。如果该文件已存在，则将其覆盖，否则创建新文件。

④ 方法 urllib.request.urlopen(url)打开参数 url 的 URL 网址。

⑤ BeautifulSoup(page, "html.parser")是构造方法，功能是将一段 HTML 文档传入 BeautifulSoup，得到文档的一个对象。默认情况下，Beautiful Soup 会将文档作为 HTML 格式解析。若解析为 XML 文档，则构造方法的第二个参数改为"xml"。

⑥ 使用 BeautifulSoup 的 find( )方法找到只有一个 class 或 id 的特定类型的元素。find( ) 方法的格式如下：

```
table = soup.find("table", {"id":"report1" })
```

方法中具体参数的设置见图 2.60，所有要返回的数据都在标签\<ol class="grid_view"\>中。标签 \<ol\>的功能是定义有序列表。标签\<li\>的功能是定义列表元素。标签\<li\>只能存在于有序列表 （\<ol\>）和无序列表（\<ul\>）中，不能单独使用。

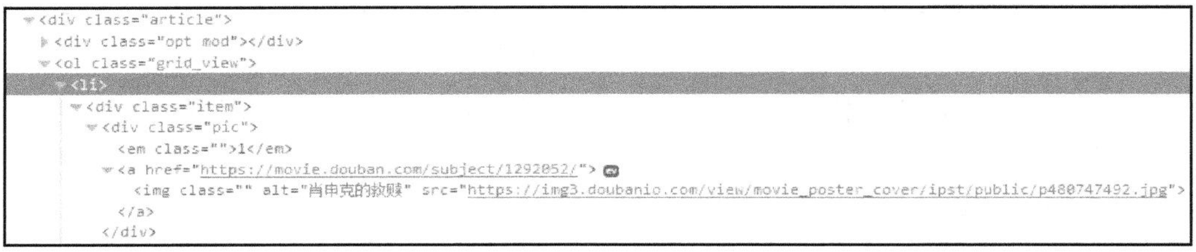

图 2.60　使用火狐浏览器查看页面源代码

⑦ 循环语句 for 是对标签\<ol\>中的 25 个\<li\>标签完成相同的操作。findAll( )方法将返回文档中符合条件的所有标签列表，使用"[ ]"标明列表元素。

⑧ 变量 no 被赋值为"1"，内容来自标签\<em\>。本语句只需要获取标签中包含的文本内容，可以使用 get_text( )方法获取并将结果作为 Unicode 字符串返回。变量 href 被赋值为 "https://movie.douban.com/subject/1292052/"，来自标签\<a\>的 href 属性。变量 name 被赋值为 "肖申克的救赎"，变量 pic 被赋值为"https://img3.doubanio.com/view/movie_poster_cover/ipst/ public/p480747492.jpg"，来自标签\<img\>的 alt 和 src 属性，见图 2.60。

⑨ 函数 print(string, file=f)包含两个参数，功能是将第一个参数写入文件中。

⑩ 最后一行代码用于关闭文件"output.xls"。

若没有文件"output.xls"，则程序运行后将新建该文件，若存在该文件，则程序运行后该文件被覆盖。程序运行后文件"output.xls"的内容见图 2.61。

上述代码可以实现获取一个 Web 页面的数据，若需要完整的 10 页共 250 个电影的数据，需要在上述代码的基础上增加一个循环，即每次获取 25 个电影的数据，循环 10 次。第 2 页的 URL 是"https://movie.douban.com/top250?start=50&filter="，与第 1 页的"start"的值不同。注意，修改代码后要及时保存，且运行代码时保证文件"output.xls"是关闭状态，或者不存在该文件。代码如下，特别注意代码的缩进格式（见图 2.62）。

图 2.61 运行结果（文件"output.xls"的内容）

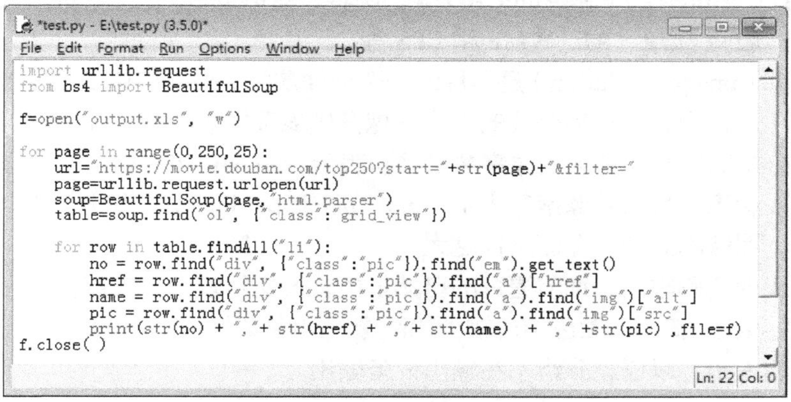

图 2.62 代码格式

```
import urllib.request
from bs4 import BeautifulSoup
f = open("output.xls", "w")
for page in range(0,250,25):
    url="https://movie.douban.com/top250?start="+str(page)+"&filter="
    page=urllib.request.urlopen(url)
    soup=BeautifulSoup(page,"html.parser")
    table=soup.find("ol", {"class":"grid_view"})
    for row in table.findAll("li"):
        no = row.find("div", {"class":"pic"}).find("em").get_text( )
        href = row.find("div", {"class":"pic"}).find("a")["href"]
        name = row.find("div", {"class":"pic"}).find("a").find("img")["alt"]
        pic = row.find("div", {"class":"pic"}).find("a").find("img")["src"]
        print(str(no) + ","+ str(href) + ","+ str(name) + "," +str(pic) ,file=f)
f.close( )
```

说明：

① 第 1 个 for 语句共循环 10 次，用于定位变量 url 的值。

② 第 2 个 for 语句共循环 25 次，用于抓取一个 Web 页面的数据。

③ 最后一句关闭文件的代码要特别注意缩进格式，只有当外层 for 语句结束循环后才能关闭文件。

2.9　图片的获取

网络中的图片根据成像原理的不同分为位图（Bitmap Images）和矢量图（Vector Graphics）两种。

位图是用像素描述的数字图像，每个像素包含数值构成的颜色数据。整个图像由无数个小方块构成，放大位图时，原本连续的线条和形状出现锯齿形。最常用的位图处理软件是 Photoshop。常见的位图文件格式有 JPEG、PNG、GIF 和 PSD 等。

矢量图通过数学函数得到的点、直线或者多边形等表示图像。常用的矢量图处理软件有 Illustrator、Flash、CorelDraw 和 AutoCAD 等。旋转、变形或放大矢量图时不会出现锯齿形。矢量文件格式一般有 CDR、AI、WMF 和 EPS 等。

图像分辨率（image resolution）是图片的一个重要属性，是指单位长度上像素的数量。图片文件在数字化过程中，行和列分成的小格子越多代表采样率越高，像素就越多，图像分辨率越高。图像分辨率用行和列上的像素数量乘积表示，如 640×480 表示图像分成 480×640 个小格子；也可以使用"每英寸像素"表示（ppi，pixels per inch）图像分辨率，如 72 ppi。图像分辨率越高，图像越清晰，存储文件越大。

位图适合表现色彩丰富、细节逼真的自然景色，但文件较大。矢量图适合表示标识、图标和 Logo 等线条相对简单，颜色相对较少的图像，文件较小。因为矢量图与分辨率无关，所以适合任意缩放大小，以任意分辨率在输出设备输出。

2.9.1　常用的图片编辑软件

图片编辑软件是对数字图片进行修复、合成、美化的软件。专业图片编辑软件有 Adobe 公司出品的 Photoshop、AutoCAD 和 Illustrator 等，非专业软件有 ACDSee 和光影魔术手等。

1．Photoshop[46]

Photoshop 是由 Adobe 公司开发的专业图像处理软件，主要处理位图图像。Photoshop 功能强大，包括多种裁剪、修复、自动矫正、操控变形、消除杂色、高光、阴影、滤镜、抠图、复制、合成、锐化等功能。

2．Fireworks[47]

Fireworks 是 Adobe 公司推出的一款网页作图软件，可以加速 Web 设计与开发。Fireworks 可以编辑矢量图形和位图图像，针对各种交互情况优化图像。

---

[46]　Photoshop 中文官方网站 http://www.adobe.com/cn/products/photoshop.html
[47]　Fireworks 中文官方网站 http://www.adobe.com/cn/products/fireworks.html

3．Illustrator[48]

Illustrator 是由 Adobe 公司开发的基于矢量的图形制作软件，功能强大，用户界面友好，市场占有率高，主要用于印刷出版、书籍排版、插画插图、多媒体图像处理和 Web 页面。

4．CorelDraw[49]

CorelDraw 是加拿大 Corel 公司的矢量图形制作软件，用于矢量动画、Web 页面设计和制作、位图编辑和网页动画等。

5．AutoCAD[50]

AutoCAD 是 Autodesk 公司开发的自动计算机辅助设计软件，主要用于二维绘图、详细绘制、设计文档和简单的三维设计。

6．ACDSee[51]

ACDSee 是一款非常流行的看图软件，界面人性化，用户不需专业知识，即可快速掌握。ACDSee 不仅可以浏览图片，还可以进行基本的图像处理操作（如色彩调整、图像质量等）、图片格式转换等。

7．光影魔术手[52]

光影魔术手是一款国产软件，主要功能是改善图像画面质量及效果处理，操作简单、易学，主要包含调图参数、数码暗房特效、边框素材、拼图、图片批量处理等功能。

2.9.2　图片文件类型

计算机使用不同的文件格式表示、存储图像文件，不同的文件格式表示不同的图像文件质量和文件大小。

1．JPEG 文件

JPEG 是联合图像专家组（Joint Photographic Experts Group）开发的一种图像文件格式，该格式是有损压缩，且压缩比例是可调整的，常见的压缩比范围是 10：1～40：1，随着压缩比的增大图像品质会下降。

JPEG2000 是 JPEG 的技术升级，其压缩比比 JPEG 增加约 30%，既支持有损压缩，也支持无损压缩。JPEG2000 具有渐进传输的特性，即先传输图像的轮廓，再逐步传输细节数据，不断现实图像细节，提高图像质量。JPEG2000 还具有"感兴趣区域"特性，可以任意指定影像上感兴趣区域的压缩质量，先解压缩感兴趣的区域。

2．GIF 文件

GIF（Graphics Interchange Format）是 CompuServe 公司在 1987 年开发的一种图像文件

---

[48]　Illustrator 中文官方网站 https://www.adobe.com/cn/products/illustrator.html
[49]　CorelDraw 中文官方网站 https://www.corel.com/cn
[50]　AutoCAD 中文官方网站 https://www.autodesk.com.cn
[51]　ACDSee 中文官方网站 http://cn.acdsee.com
[52]　光影魔术手官方网站 http://www.neoimaging.cn

格式，是无损压缩，压缩比为 2∶1 左右，仅支持 256 色图像。GIF 分为静态 GIF 和动画 GIF 两种，一般用于简单图表、动态图形或少量颜色的图像。

3．PNG 文件

PNG（Portable Network Graphic Format）格式的目的是替代 GIF 和 TIFF 文件格式，是无损压缩的位图存储格式。PNG 格式体积小、支持 256 个透明层次、支持真彩色和灰度级图像的 Alpha 通道透明度。

4．PSD 文件

PSD 是 Adobe 公司为图形设计软件 Photoshop 开发的一种专用图像文件格式，没有经过压缩，文件大，主要用于处理位图。

5．AI 文件

AI 文件是 Adobe Illustrator 的文件格式，是一种矢量图形文件格式。

6．CDR 文件

CDR 是 CorelDRAW 的专用图形文件格式。

7．WMF 文件

WMF（Windows MetaFile）简称图元文件，是微软公司定义的一种图形文件格式，仅适用于 Windows 操作系统。

2.9.3　图片文件的保存

网络上的图片保存方法简单。右击某幅图片，在出现的快捷菜单中选择"图片另存为"，然后设置图片保存名字、位置和文件类型，保存即可。

右击某幅图片，在出现的快捷菜单中选择"属性"，可以查看该图片的大小、文件类型和分辨率等基础数据，见图 2.63。

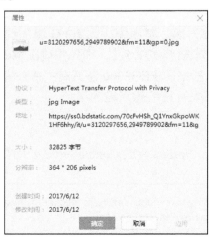

图 2.63　图片属性

网络识图也是一种非常有用的工具，可以根据一幅用户上传的图片搜索到互联网上与这张图片相似的其他图片资源，同时找到这张图片相关的数据。

提供网络识图功能的网站包括百度识图[53]、360 识图[54]和 Sohu 图片[55]等。下面以百度识图为例，搜索图片的步骤如下。

进入百度识图，单击"上传图片"按钮，在出现的"识图"窗口中单击"本地上传"按钮上传图片，见图 2.64。也可以在文本框处粘贴图片地址，或者将图片拖曳到文本框处，单击"识图一下"按钮，搜索到的此图片数据和相关图片见图 2.65。

图 2.64　百度识图

图 2.65　百度识图结果

2.10　音频的获取

声音采样率是决定声音质量的一个重要属性，是指每秒钟对声波固定采样的频率，单位是赫兹（Hz）。人类对 2000～5000 Hz 的声音最敏感，根据奈奎斯特定理（Nyquist's Theorem），声音采样率不低于 4000～10000 Hz 的范围。例如，AM 广播（即调幅广播）的声音采样率是 11025 Hz，FM 广播（即调频广播）的声音采样率是 22050 Hz，CD 音质的声音采样率是 44100 Hz。

声音采样率和声音频率的单位均是赫兹，但二者是完全不同的。声音的频率是固定的、无法改变的。声音采样率是声音数字化过程中可以设置和修改的，采样率高意味着单位时间内声音样本量大，生成的声音文件大，声音质量好。如一首歌曲用 44100 Hz 的采样率得到的

[53]　http://image.baidu.com
[54]　http://st.so.com
[55]　http://pic.sogou.com

声音文件效果要好于 22050 Hz 的采样率，但在其他参数不变的情况下，生成的声音文件也增加了 1 倍。

声道是声音在录制或播放时各自独立的音频信号，即录制时音源的数量或播放时扬声器的数量。常见的声道包括单声道、立体声、四声道环绕、5.1 声道和 7.1 声道等。

单声道（Mono）是指录制时音源的数量只有 1 个，播放时扬声器的数量也只有 1 个。单声道播放时可以听到声音的前后位置、音色、音量等，但缺乏声音立体感。

立体声（Stereo）是指录制时音源的数量只有 2 个，播放时扬声器的数量也只有 2 个。在单声道的基础上，可以听到声音的位置变换。立体声效果好于单声道。

四声道环绕规定了 4 个发音点：前左、前右，后左、后右，听众在这 4 个发音点中间。如果再增加一个低音音箱，加强对低频信号的回放处理，即 4.1 声道。四声道环绕效果好于立体声。

5.1 声道是在 4.1 声道的基础上增加了一个中置，用于传输低于 80 Hz 的声音，有利于加强人声，把人声对话集中在声场的中部位置。5.1 声道主要用于影院，效果好于四声道环绕。

7.1 声道在 5.1 声道的基础上增加了中左和中右两个发音点，前后声场相对平衡避免声场偏差。由于成本的原因，7.1 声道的普及率还有待提高。

如果声音仅仅包含人声对话，可以选择单声道或立体声，人耳的感觉差异不大，处理快且声音文件小。如果声音文件包含音乐等，则可以选择立体声或四声道环绕。为追求更好的音响效果，可以考虑 5.1 声道或 7.1 声道。

2.10.1　常用的音频编辑软件

音频编辑软件是对数字音频进行声音录制、混音合成、编辑、控制等功能的软件。常见的音频编辑软件有 Audition、Audacity、Sound forge 和 Samplitude 等。

1．Audition[56]

Audition 是由 Adobe 公司开发的专业级声音编辑软件。其前身是 Cool Edit Pro，2003 年被 Adobe 公司收购后，改名为 Audition。Audition 功能强大，兼容性好，广泛用于广播、声音后期制作等，支持 Windows 系统和 MAC 系统。Audition 最大的优势是与 Adobe 公司开发的其他软件无缝结合。

2．Audacity[57]

Audacity 是一款免费、跨平台的音频处理软件，操作界面简单，功能包含录音、编辑、特效等。

3．Sound Forge[58]

Sound Forge 是单轨音频编辑软件，主要是对声音的波形进行编辑，属于专业级软件，功能强大，较复杂。

---

[56]　Audition 中文官网 https://www.adobe.com/cn/products/audition.html
[57]　Audacity 官网 https://www.audacityteam.org
[58]　Sound Forge 官网 https://www.magix.com/us/music/sound-forge

4．Samplitude[59]

Samplitude 是由德国 MAGIX 开发的专业级音乐制作软件，功能强大，包含录音、MIDI 制作、缩混、母带处理等。

2.10.2　音频文件类型及保存

计算机使用不同的文件格式表示、存储声音文件，不同的文件格式表示不同的音频文件质量和文件大小，如 WAV、MP3、AIFF、RA、RM、WMA 和 OGG 等。

网络上单独存在的音频文件相对较少，多数与其他类型的数据共同存在，如音频作为网站的背景音乐，音频和文字、图片组成多媒体网页，音频与视频共同保存为有声视频。音频存在的方式多种多样，具体的保存方法要根据实际情况而定。

经常使用的音频保存方式如下。打开包含音频的网页，播放音频完毕，在浏览器的菜单"工具│Internet 选项"中选择"常规"选项卡，然后单击"浏览历史记录│设置"按钮，在出现的"Internet 临时文件和历史记录设置"对话框中单击"查看文件"按钮，可以查看到保留在缓存中的音频文件，见图 2.66。

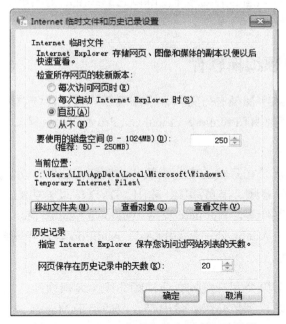

图 2.66　Internet 临时文件和历史记录设置

央广网[60]、中国广播[61]这类网站包含大量的音频数据。其网站音频的保存方式如下。

进入中国广播网的电台子页面 http://www.radio.cn/pc-portal/erji/radioStation.html，选择城市、类型、节目名称和播出日期，单击"下载"即可，默认下载的音频格式是 M4A。

---

[59]　Samplitude 官网 https://www.magix.com/us/music/samplitude
[60]　http://www.cnr.cn
[61]　http://www.radio.cn

2.11 视频的获取

视频是由多幅静止的图像组成的，每幅静止的图像是 1 帧，连续多个静帧以一定的速率播放就形成人眼中的动态视频，如电影、电视等。帧速率是单位时间内（如 1 秒钟）传输的帧数量，单位是 fps（frames per second）。

根据人眼的生理结构和特点，观赏视频时，接受的连续的帧速率范围是 24～60 fps。帧速率越大，所显示的视频会越连贯。低于 24 fps 的视频有不流畅的感觉，超过 60 fps 的视频，人眼已感觉不出与 60 fps 的区别。常见的电影帧速率是 24 fps，中国电视的帧速率是 25 fps，美国、加拿大彩色电视的帧速率是 29.97 fps，3D 视频游戏的帧数可能达到 60 fps（如游戏《魔兽世界》设置为 30 fps，游戏视觉比较流畅，设置为 60 fps，游戏视觉特别流畅）。帧速率与视频文件大小成正比，帧速率值越大视频文件越大。

帧大小即视频中每帧的分辨率，包含长度像素和宽度像素两部分，如中国电视使用的 PAL 制标准画面分辨率是 720×576。PAL 制高清电视画面分辨率是 1920×1080，每秒 50 场，25 fps，隔行扫描。4K 超高清电视的分辨率是 3840×2160，是高清（1920×1080）的 4 倍。

帧长宽比即视频中每帧画面的物理宽度除以它的高度所得的比例，标清电视的长宽比是 4：3，高清电视的长宽比是 16：9。

2.11.1 常用的视频编辑软件

视频编辑软件是对数字视频进行剪辑，添加视频效果、转场效果、字幕等非线性编辑的软件。常见的视频编辑软件有 Premiere、Final Cut Pro 和 Vegas 等。

1．Premiere[62]

Premiere 是由 Adobe 公司开发的专业视频非线性编辑软件，功能强大，兼容性好，包含采集、剪辑、调色、美化音频、字幕添加、输出、DVD 刻录等功能，广泛用于广告制作、电视节目制作、网络视频制作等。Premiere 支持 Windows 系统和 Mac 系统。

Premiere 的优势是与 Adobe 公司开发的 AE、Audition 等软件无缝结合。

2．Final Cut Pro[63]

Final Cut Pro 是由苹果公司开发的专业视频非线性编辑软件，功能全面，包含导入、编辑、添加效果、改善音效、颜色分级、输出等，仅适用于 Mac 系统。

3．Vegas

Vegas 是 Sony Pictures Digital 公司开发的视频非线性编辑软件。Vegas 有 4 个系列，分别是 Vegas Movie Studio、Vegas Movie Studio Platinum、Vegas Movie Studio Platinum Pro Pack 和 Vegas Pro。前 3 个是非专业的非线性编辑软件，最后 1 个是专业的非线性编辑软件。Vegas 的优势是自带效果、模板较多，而且与 SONY 机器拍摄的片源无缝结合。

---

[62] Premiere 中文官网 http://www.adobe.com/cn/products/premiere.html
[63] Final Cut Pro 中文官网 http://www.apple.com/cn/final-cut-pro

2.11.2 视频文件类型

计算机使用不同的文件格式表示、存储视频文件，不同的文件格式表示不同的视频文件质量和文件大小。

1．AVI 文件

AVI（Audio Video Interleaved）是微软公司开发的一种符合 RIFF 文件规范的数字音频和视频文件格式，支持多种操作系统。该格式主要用于保存电影、电视等影像数据，多用于多媒体光盘，压缩比较高，画面质量一般。

2．MOV 文件

MOV 是 Apple 公司开发的一种音频、视频文件格式，压缩比较大，质量较高，适合流式播放。

3．ASF 文件

ASF（Advanced Streaming Format）是微软制定的流媒体格式，支持多种压缩编码方式，是一种包含音频、视频、图像和控制命令脚本的数据格式。

4．RM 文件

RM 是 RealNetworks 公司开发的一种流媒体视频文件格式，其性能表现非常稳定，播放器为 RealPlayer。

5．FLV 文件

FLV 由 Adobe Flash 延伸的一种网络视频封装格式，文件小、加载速度快，适合网络传输和播放，普及率非常高。

6．MP4 文件

MP4 是一套用于音频、视频数据的压缩编码标准，压缩效率高，在低码率情况下依旧可以获得较好的播放效果。

2.11.3 视频文件的保存

随着国内外视频分享网站的出现和兴起，任何人都可以把自己的视频与他人分享。但是很多网站不提供下载地址，用户可以浏览但无法下载，或者可以下载（网站专有视频格式）但无法使用软件编辑，视频成为数据采集的难点。早期的视频下载也使用与音频下载类似的缓存法，随着技术的提升，现在常见的视频下载有以下 3 种方法。

1．浏览器安装视频下载插件

浏览器插件可以用于下载网络视频，如 Chrome 浏览器的 Video download helper 视频下载插件，Firefox 的 NetVideohunter Video Downloader 视频下载插件。以国产 360 浏览器为例，安装视频下载插件的操作如下。

启动 360 浏览器，单击"管理扩展"→"添加"按钮，在"360 应用市场"中搜索网页媒体下载（见图 2.67），找到后单击安装即可。

图 2.67　360 浏览器可安装的视频下载插件

2．专业视频下载工具

有些软件是专门用于视频下载的，比浏览器视频下载插件功能更强大，常见的如维棠、硕鼠等。

维棠[64]是专业的 FLV 视频下载软件，可以免费下载优酷、土豆、搜狐、乐视、腾讯、芒果、奇艺、YouTube、CNTV、PPTV、56、酷 6、Bilibili、ACFUN、新浪和百度等 200 多个视频分享网站的视频，支持电视剧、电影、综艺、动漫和 MV 批量下载。可将视频高清下载保存到本地计算机。

硕鼠[65]是专业 FLV 下载软件，提供土豆、优酷、我乐、酷六、新浪、搜狐、CCTV 等 90 个主流视频网站的解析和下载。

3．官方推出的专用视频下载工具

如土豆网专用视频下载 ITUDOU 软件，优酷推出的优酷客户端，搜狐视频、乐视视频、腾讯视频、芒果和爱奇艺等均有自己独有的客户端。这些专用视频下载工具一般功能强大，但仅适合下载专属网站的视频。

2.12　数据格式转换

数据的格式多种多样，为方便编辑和使用，需要对已经获取的数据进行格式转换使其达到用户或发布平台的需求。在格式转换前先要明确数据扩展名。

有时候，计算机中的数据扩展名是隐藏的，虽然通过数据的图标依旧可以了解数据类型，但对大多数普通用户来说，记住所有的图标种类是不太可能的。取消数据扩展名隐藏的方法很多，具体步骤因操作系统版本的不同有一定的差异。

双击桌面的"计算机"图标，在打开的窗口左侧选择"组织|文件夹和搜索选项"（见图 2.68），然后在出现的"文件夹选项"对话框的"查看"选项卡中取消"隐藏已知文件类型的扩展名"的勾选（见图 2.69）。

---

[64]　http://www.vidown.cn
[65]　http://www.flvcd.com

图 2.68 选择文件夹和搜索选项

图 2.69 设置文件夹选项

2.12.1 数字图片的格式转换

1．使用图片编辑软件实现格式转换

2.9.1 节中的任何一款图片编辑软件均可完成数字图片格式转换。最简单而常见的软件是"画图"，这是 Windows 操作系统自带的一个小程序，图片格式转换步骤如下。

选择"开始|所有程序|附件|画图"，打开"画图"软件，然后在"打开"菜单中选择某个待转换的图片文件，利用"另存为"命令，将图片保存为某种格式，见图 2.70。

"画图"软件作为一个附件，功能简单，转换的格式种类虽然不多，但包含了常见的图片格式。若有条件，可以安装更专业的图片软件。

图 2.70 图片"另存为"某种格式

2．使用在线工具实现格式转换

在线格式转换的优势是不需要安装任何软件，缺点是待转换的图片较大时，上传需要一定的时间。通过搜索工具可以找到很多这样的工具，下面以"动态图片基地"提供的一款在线工具为例实现图片的格式转换，步骤如下。

<1> 打开 http://www.asqql.com/gifretype/。

<2> 单击"上传图片"按钮上传待转换的图片，见图 2.71。

<3> 在"请选择想转换的格式"中选择某种格式，如"PNG"，单击"转换成 PNG 格式"按钮。

<4> 在"生成图片窗口"中单击右键，在出现的快捷菜单中选择"图片另存为"，也可以单击"制作成功，下载图片"按钮，保存转换好的图片，见图 2.72。

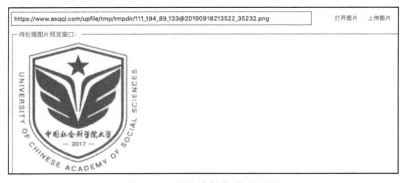

图 2.71　上传待转换格式图片

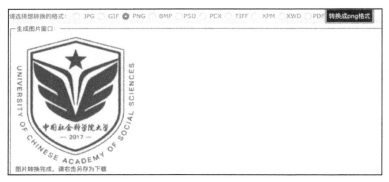

图 2.72　下载转换后的图片

此在线工具还有修改图片大小、制作动态图片、给图片加文字、图片边框、图片合成、图片缩小和图片旋转等功能，可以按需使用。

3．专业格式转换软件

有些软件是专业级的格式转换工具，如格式工厂（FormatFactory）[66]可以实现多种图片、音频和视频格式转换，也称为万能多媒体格式转换器，其绿色版本安装方便，使用界面清晰，见图 2.73。

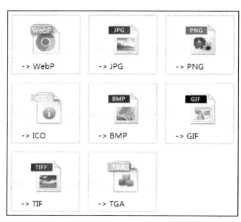

图 2.73　转换多种图片格式

---

[66]　http://www.pcfreetime.com

选择某种扩展名即可进行格式转换，如选择"TIF"，在转换中还可以设置"输出配置"，设置输出图片的属性，如图片大小、旋转角度、为图片加文字、水印等，见图 2.74。

图 2.74　转换多种图片格式

2.12.2　数字音频的格式转换

1．使用在线工具实现格式转换

如在线工具 http://cn.office-converter.com 功能强大，不仅能转换音频格式，也可以转换图片、视频格式，还支持批量转换。如将音频转换为"MP3"格式，见图 2.75。

图 2.75　转换为音频 MP3 格式

可以将本地计算机保存的音频文件上传后转换，也可以提供网上音频的 URL 转换。非会员上传的文件最大为 10 MB，会员最大支持 1 GB 文件。

2．专业格式转换软件

格式工厂的音频转换界面见图 2.76，操作简单。

图 2.76　转换多种音频格式

2.12.3　数字视频的格式转换

一般通过软件实现数字视频的格式转换，有些软件专门转换某一类格式，如 QSV 是爱奇艺视频的独有格式视频文件，若想播放 QSV 文件，可以下载爱奇艺视频播放器，也可以下载 QSV 视频格式转换器，将 QSV 格式转换成 FLV 格式。有些软件可以转换多种格式。如狸窝全能视频转换器[67]、格式工厂[68]和暴风转码[69]等是支持多种格式的万能视频转换器。

2.12.4　文件格式转换

网络获取的数据可能来自多个国家的不同数据源，因此数据的格式可能是多种多样的，特别是为了适合屏幕阅览和打印（保留原有格式）的 PDF 文件占有一定的比例。但是数据分析者更喜欢便于编辑和分析的 XLS 格式（或 XLSX）、CSV 格式等，因此文件转换是数据分析前的必要工作之一。本节使用转换工具将 PDF 转换为 XLS，转后的 XLS 文件格式特别适合编辑和计算，最重要的是便于进一步的可视化呈现。

---

[67]　http://www.leawo.cn
[68]　http://www.pcfreetime.com
[69]　http://home.baofeng.com/zm/zm.html

ZAMZAR[70]是一个强大且免费的在线转换工具，支持 1200 余种格式转换，包括图片格式、文档格式、音频格式和视频格式等，是一个比较全能的转换工具，而且页面简洁易用，速度快，最重要的是不需要注册即可使用。

ZAMZAR 转换文件需要 5 个步骤。

<1> 上传文件。单击"Choose Files"按钮，然后选择要转换的文件（见图 2.77 中的 Step1），ZAMZAR 允许同时上传一个或多个文件。也可以单击 "URL"，然后输入要转换文件的网络地址。免费的 ZAMZAR 服务要求转换的文件不能超过 100 MB。如果文件过大，可以单击 "want more" 链接选择付费服务。转换 200 MB 以下的文件每月 9 美元，转换 400 MB 以下的文件每月 16 美元，转换 2 GB 以下的文件每月 49 美元。

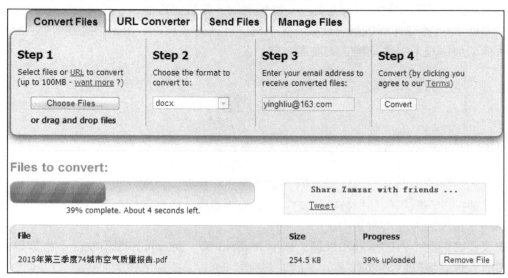

图 2.77　Zamzar 转换文件

<2> 单击下拉按钮，选择要转换的格式，如 "docx"（见图 2.77 中的 Step2）。

<3> 输入接收转换文件的邮箱（见图 2.77 中的 Step3）。

<4> 单击 "Convert" 按钮，开始转换，将显示文件转换的百分比。转换完成后有提示，可以进入邮箱下载（见图 2.77 中的 Step4）。

<5> 进入邮箱，找到 ZAMZAR 发送的邮件，在文件中找到下载链接地址，单击地址，进入下载页面，下载转换后的文件，见图 2.78。

图 2.78　下载 Zamzar 转换后的文件

[70]　http://www.zamzar.com

类似的转换工具还有很多，如 Smallpdf[71]、CometDocs[72]、PDF to Excel Online[73]等。

2.12.5　可机读数据

网络传输的所有文件都是数字化的，但并不是所有的文件都可以使用计算机容易地处理或分析。可机读数据（machine-readable data）是一种容易被计算机处理的文件格式，允许计算机程序自动抓取其中的数据，如 CSV、JSON 和 XML 等，但 HTML、XLS、PDF、DOC、JIF、JPEG 和 PPT 等格式均不是可机读格式，因为这类格式虽然便于人类阅读，但对计算机而言是难于解释的。

美国给出的可机读数据的概念是"一种标准的计算机语言格式（不是英文文本），可以自动通过 Web 浏览器或计算机系统读取，如 XML"。在开放数据中数据必须是可机读格式的，因此可机读数据是未来数据格式的发展方向。

小　结

数据的获取是数据可视化的基础，在获取数据之前，我们必须了解相关的许可协议，明确获取的数据是否可再次使用。知识共享许可协议为用户获取数据、再次利用数据提供了保障。常见的数据获取方法包括搜索数据、依申请公开数据、数据众包、抓取工具和编写代码爬取等。数据的获取不仅包括数字和文字，还包括图片、声音和视频的获取，获取的数据往往需要格式转换后才能再次使用。

建议读者根据个人的基础和兴趣，选学 requests 库、selenium 库和 scrapy 框架等内容，尝试抓取大数据量的网页数据。

习 题 2

1. 列举 5 个国内外常见的搜索引擎，说明搜索引擎的工作过程。
2. 知识共享许可协议的 4 种选项是什么？6 套主要的知识共享许可协议含义是什么？
3. 主动公开的数据来源有哪些？
4. 常见的图片格式有哪些？
5. 列举 5 种常用的音频编辑软件，并简述功能。

---

[71]　https://smallpdf.com
[72]　http://www.cometdocs.com
[73]　https://www.pdftoexcelonline.com

第 3 章　数据清洗

数据的获取是复杂而艰苦的，数据的来源也是多种多样的。数据可视化过程中的大部分工作是将大量数据可视化，因此，数据中的图片、声音、视频等多媒体基本不需清洗。但大量数字和文字的数据清理（data cleansing，有时候也用 data cleaning 或 data scrubbing 表示）往往需要占用整个工作量的 80%[1]。数据清洗是一个漫长而复杂的过程，虽然有前人总结的方法和技巧，但是每次数据清洗都可能遇到新的问题。每个人对数据的理解不同，处理方案也不一样，所以理论上说，不同的人清洗同一个数据集，最后得到的数据集是不一样的。为了更好地理解干净的数据（tidy data），首先规范以下定义。

变量（Variable）是指一个度量或一个属性，如身高、体重、性别等。

值（Value）是指实际的测量或属性值，如 1.75 米、72.3 kg、男性等。

观察（Observation）是指在同一个个体上测量的所有值，如每个人的全部变量值。

干净的数据必须具备以下三个特征。其一，每个变量构成一列并包含非空列值；其二，每次观察构成一行；其三，每类观察个体组成一个表。如多个人组成一个包含 3 列（身高、体重、性别）的表，表中的缺失值、重复行记录、单位不统一（如身高的单位有的是米，有的是厘米）、格式错误、无列头等数据均是"脏数据（messy data）"。

来源复杂的数据不仅需要格式转换，还需要数据清洗后才能进行数据分析、数据诠释和数据可视化。数据清洗是数据处理过程中最重要的环节，如果无法保证数据的正确性，则基于"脏数据"的任何后续工作都是毫无意义的。数据清洗是将数据中的"脏数据"清洗掉，变成干净的数据，提高数据质量。对数据进行重新审查和校验的目的在于处理缺失数据、规范数据格式内容、避免逻辑错误、删除非需求数据、对来自多个数据源的数据进行分组或合并转换、保证数据内部和外部的一致性等。数据清洗是对源数据的不可逆转修改，无法恢复，所以数据清洗前务必备份源数据。

本章使用 Python 的 Pandas 包完成上述操作，一般用 Jupyter Notebook 进行 Python 代码的编写和运行。本章主要探究数值和文本数据的清洗方法和技巧，需要用到 Python 的 Pandas 包[2]，具体安装方法见 2.8.1 节，也可以到其官方网站[3]查看最新版本的系统要求、安装方法和详细步骤。本章所有案例基于 Windows 系统。在 Mac 系统上运行，格式可能有所不同。

3.1　Jupyter Notebook

Jupyter Notebook 是一个交互式应用程序，在网页浏览器环境中运行，其界面主要以"单

---

[1]　Megan Squire. 干净的数据：数据清洗入门与实践. 任政委译. 人民邮电出版社，2016.

[2]　下载 Pandas 库的官方网站 http://pandas.pydata.org

[3]　安装 Python 库的官方网站 https://packaging.python.org/tutorials/installing-packages

元格"（cell）为基础。用户可以直接在网页中编写代码、运行代码，也可以在同一个页面中直接编写说明和注释文档，代码的运行结果也直接显示在同一个页面的代码行下面。

　　Jupyter Notebook 的优势是内核不需运行 Python，用户在 Web 应用中编写代码，代码通过服务器发送给内核，内核运行代码，并将结果发送回该服务器，任何输出都会返回到浏览器中。Jupyter Notebook 页面简洁大方，便于提升用户工作效率。

3.1.1　安装 Jupyter Notebook

　　安装 Jupyter Notebook [4]前，需要安装 Python，最好安装 3.3 版本及以上。注意，Python 3 对 Python 2 的兼容性较差，几乎所有的 Python 2 程序都需要一些修改才能正常运行在 Python 3 环境下。Python 官方建议直接学习 Python 3，且 Python 2 只维护到 2020 年。

　　首先，把 pip 升级到最新版本，如果是 Python 3.x，则语句如下：

```
pip3 install --upgrade pip
```

如果是 Python 2.x，则语句如下：

```
pip install --upgrade pip
```

　　Python 3.x 安装 Jupyter Notebook 的语句如下：

```
pip3 install jupyter
```

　　Python 2.x 安装 Jupyter Notebook 的语句如下：

```
pip install jupyter
```

3.1.2　启动、关闭 notebook 服务器

　　启动 notebook 服务器的方法是在终端输入"jupyter notebook"，终端会显示一系列 notebook 的服务器数据，同时浏览器自动启动 Jupyter Notebook。Windows 操作系统界面见图 3.1，Mac 操作系统界面见图 3.2。注意，在 Jupyter Notebook 操作过程中必须保持终端的运行状态，不能关闭。

图 3.1　Windows 操作系统启动 Jupyter Notebook

---

[4]　官网文档资料 https://jupyter-notebook.readthedocs.io/en/stable/notebook.html

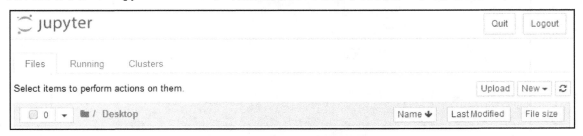

图 3.2　Mac 操作系统启动 Jupyter Notebook

　　若对"jupyter notebook"命令有疑问，可以查看官方帮助文档，命令如下：

```
jupyter notebook -help
```

或

```
jupyter notebook -h
```

　　正常启动服务器后，浏览器的地址栏默认显示 http://localhost:8888，运行界面见图 3.3。其中，"localhost"指本地计算机，"8888"是端口号。注意，虽然默认端口号是"8888"，但是若启动了多个 Jupyter Notebook，或者通过用户自定义等方法，均可修改端口号。

图 3.3　运行 Jupyter Notebook

　　单击"New"按钮，选择"Python"，即可新建一个终端。在终端输入语句后，单击"Run"按钮，运行后可见运行结果，见图 3.4。

　　在"Files"页面关闭 notebook，进入"Files"页面，见图 3.5。正在运行的 notebook 图标为绿色，见图 3.5 中的"Untitled.ipynb"，其右侧还有 notebook 的运行状态"Running"。然后勾选要关闭的 notebook，单击左上方的黄色按钮"Shutdown"，即可关闭 notebook。关闭后的 notebook 图标为灰色。

　　"Files"页面只能关闭 notebook，无法关闭终端。在"Running"页面中可以同时关闭 notebook 和终端。进入"Running"页面（见图 3.6），"Terminals"栏显示正在运行的所有终端，"Notebooks"栏显示正在运行的所有 notebook。单击终端或 notebook 右侧的黄色"Shutdown"按钮，可以关闭终端或 notebook。

　　无论是关闭 notebook 还是关闭终端，Jupyter Notebook 服务器都在运行中，若想关闭服务器，要在 Windows 操作系统终端按组合键 Ctrl+C，在 Mac 操作系统终端上按组合键 Ctrl+Q。

图 3.4　Jupyter Notebook 的"Files"页面

图 3.5　在"Files"页面关闭 notebook

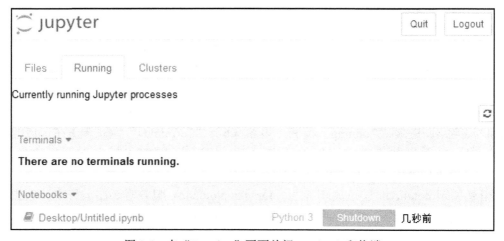

图 3.6　在"Running"页面关闭 notebook 和终端

3.1.3 保存 notebook

在 Jupyter Notebook 中编写的代码可以保存成文档，默认的后缀名为 .ipynb 的 JSON 格式，在终端页面的 "File" 菜单中可以保存文件或另存为其他格式。也可以根据需要，导出成 PY、HTML 和 PDF 等文档格式。

如有需要，可以设置 Jupyter Notebook 文件存放位置，具体方法见官方网站。

3.2 Pandas 包

Pandas 是 Python 的一个数据分析包，2009 年底由 AQR Capital Management 推出，是开源的，现在的最高版本是 0.25.1（至 2019 年 10 月[5]）。

Pandas 是一个提供快速、灵活和表达性数据结构的 Python 包，可以处理系列（Series）、数据帧（DataFrame）和面板（Panel）三种数据结构，见表 3.1。Series 是一维数据。DataFrame 是二维数据，可以理解为 Series 的容器。Panel 是三维数组，可以理解为 DataFrame 的容器。Pandas 包使用最广泛的是 Series 和 DataFrame。

表 3.1　Pandas 包可以处理的三种数据结构

数据结构	维　数	描　　述
系列（Series）	1	均匀数组，大小不变
数据帧（DataFrame）	2	大小可变的表结构与潜在的异质类型的列
面板（Panel）	3	大小可变数组

3.2.1 系列（Series）

系列（Series）是带有标签的一维数组，可以保存任何数据类型（如整数、字符串、浮点数、对象等），标签统称为索引（Index）。系列可以直接输入数据，也可以通过 list 数据赋值。Series 可以赋值索引，也可以由系统自动给定。

1．自动索引 Series 语句

若没有自定义索引，则 Series 语句自动添加索引，默认情况下，Series 索引从 0 开始，步长为 1，连续递增。新建一个程序文件 test.py，编辑运行代码，或者启动 Jupyter Notebook 服务器查看运行代码。例如：

```
import pandas as pd
s = pd.Series([1,2,3,4,5])
print(s)
```

程序运行结果如下：

```
0    1
1    2
2    3
```

---

[5]　http://pandas.pydata.org

```
    3        4
    4        5
    dtype: int64
```

说明：

① 第 1 条语句的含义是导入 Pandas 包，并用别名"pd"代替它。使用别名主要是因为有些包名比较长，书写不便，用简短的别名代替可以提高编程效率。

② 第 2 条语句是为 Series 对象赋元素值，无索引值。

③ 输出结果中的左列表示每个元素的自动索引，右列表示相应的元素值。最后一行输出显示元素的数据类型是 64 位的整型数据。

2．自定义索引 Series 语句

索引是可以自定义的，索引个数必须与元素个数相同。例如：

```
import pandas as pd
s = pd.Series([1,2,3,4,5], index=['a', 'b', 'c', 'd', 'e'])
print(s)
```

程序运行结果如下：

```
    a        1
    b        2
    c        3
    d        4
    e        5
    dtype: int64
```

说明：

① 第 2 条语句不仅为元素赋值，还自定义了元素的索引值。

② 最后一行输出显示的是元素的数据类型，而非索引的数据类型。

思考： 修改上述代码，将索引个数减少到 4 个，元素个数不变，查看运行结果；再将元素个数减少到 3 个，查看运行结果。

3．通过 list 创建 Series 语句

可以将 list 直接赋值给 Series，相当于 Series 只有元素值，默认的索引值。例如：

```
import pandas as pd
list_test = [99,87,72,86]
s = pd.Series(list_test)
print(s)
```

程序运行结果如下：

```
    0        99
    1        87
    2        72
    3        86
    dtype: int64
```

说明：第 2 条语句是为 list 赋值，第 3 条语句是将 list 值赋值给 Series。

4．从标量值创建 Series 语句

通过标量值创建 Series，虽然标量值只有一个，但是序列的个数决定了标量值的个数。例如：

```
import pandas as pd
s = pd.Series(99,index =['a','b','c','d'])
print(s)
```

程序运行结果如下：

```
a    99
b    99
c    99
d    99
dtype: int64
```

说明：第 2 条语句设置了 4 个索引和 1 个标量值，根据索引和元素个数必须相同的原则，此标量被赋值了 4 次。

5．从字典类型创建 Series 语句

通过字典类型创建 Series，键值对中的"键"是索引。例如：

```
import pandas as pd
s = pd.Series({'a':1,'b':2,'c':3})
print(s)
```

程序运行结果如下：

```
a    1
b    2
c    3
dtype: int64
```

说明：键值对必须是一一对应的，一个索引对应一个元素值。

6．Series 类型的基本操作

Series 包括索引和元素两部分，可以使用 index 和 values 单独引用。例如：

```
import pandas as pd
s = pd.Series({'a':1, 'b':2, 'c':3})
print(s.index)
print(s.values)
```

程序运行结果如下：

```
Index(['a', 'b', 'c'], dtype = 'object')
[1 2 3]
```

说明：

① 第 3 条语句输出 Series 的索引。

② 第 4 条语句输出 Series 的索引元素，即一个数组对象。

3.2.2 数据帧（DataFrame）

DataFrame 是表格型的数据类型，每列数据值的类型均可以不同，既有行索引也有列索引，所以 DataFrame 对象包含数据、横轴和竖轴三部分。数据可以手工输入，也可以来自 Series 对象，更多来自 Excel 或 CSV 文件，被读取到 DataFrame 对象后再进行计算和处理。

1. 直接赋值的无行列索引 DataFrame 语句

例如：

```python
import pandas as pd
frame = pd.DataFrame([["北京",16410.54],["上海",6340.5],["深圳",11946.88]])
print(frame)
```

程序运行结果如下：

```
        0          1
0     北京    16410.54
1     上海     6340.50
2     深圳    11946.88
```

说明：

① 第 2 条语句是为 DataFrame 对象赋值，方式为水平赋值，即赋值语句的 "," 前后均是一条完整的数据记录，本例中包含 3 条记录，每条记录包含 2 个元素。

② 本例中的 "北京" "上海" 和 "深圳" 要加双引号，表明是字符串而非变量名。

2. 用 Series 赋值的 DataFrame 语句

例如：

```python
import pandas as pd
frame = pd.DataFrame({"城市":pd.Series(["北京", "上海", "深圳"]), "面积":pd.Series([16410.54,\
    6340.5, 11946.88])})
print(frame)
```

程序运行结果如下：

```
       城市        面积
0     北京    16410.54
1     上海     6340.50
2     深圳    11946.88
```

说明：

① 第 2 条语句为 DataFrame 对象赋值，方式为垂直赋值，即赋值语句的 "," 前后均是一列完整的数据，本例中包含 "城市" 和 "面积" 2 列，每列包含 3 个值，即 3 条记录。

② 语句 pd.Series(["北京", "上海", "深圳"]是从字典类型创建一个 Series 对象，列索引值是 "城市"。

3. DataFrame 数据的切片和转置

例如：

```python
import pandas as pd
frame = pd.DataFrame({"城市":pd.Series(["北京","上海","深圳"]),"面积":pd.Series([16410.54, \
```

```
  6340.5, 11946.88])})
print(frame.城市)
print(frame.T)
```

程序运行结果如下：

```
  0    北京
  1    上海
  2    深圳
Name: 城市, dtype: object
              0              1              2
城市         北京            上海            深圳
面积         16410.5        6340.5         11946.9
```

说明：

① 语句 frame.城市等同于语句 frame["城市"]，功能是返回 frame 中"城市"列的内容，内容返回到一个 Series 对象。

② T 是转置操作，将 DataFrame 数据集解释为矩阵，再执行矩阵的转置计算。DataFrame 对象的常见操作见表 3.2。

表 3.2　DataFrame 对象的常见操作

操　作	功　能	举　例	结　果
head(int n)	显示数据的前 *n* 行	frame.head(2)	城市　　　面积 0　北京　16410.54 1　上海　6340.50
tail(int n)	显示数据的后 *n* 行	frame.tail(2)	城市　　　面积 1　上海　6340.50 2　深圳　11946.88
describe( )	对每列数据进行统计，包括计数、均值、标准差、各分位数等	frame.describe( )	面积 Count　　3.000000 mean　　11565.973333 std　　5045.814485 min　　6340.500000 25%　　9143.690000 50%　　11946.880000 75%　　14178.710000 max　　16410.540000

4．通过 Excel 文件创建 DataFrame 对象

例如：

```
import pandas as pd
frame = pd.read_excel('D:\data.xlsx')
frame
```

程序运行结果如下：

```
      城市        面积          人口
0    北京     16410.54      2018.60
1    上海     6340.50       2347.46
2    深圳     11946.88      1354.58
```

说明：

① 第 2 条语句将 Excel 文件读取到 DataFrame 对象。若运行时出现"No module named 'xlrd'"错误，说明未安装 xlrd 模块。xlrd 是第三方导入 Excel 表格的模块，需要自行安装。若计算机安装的是 Python 2.x 版本，则需在终端执行"pip install xlrd"命令安装；若计算机安装的是 Python 3.x 版本，则需在终端执行"pip3 install xlrd"命令安装。

② 第 2 条语句在读取 Excel 文件时要写清文件的盘符、路径、文件名和文件扩展名。语句 pd.read_excel('D:\data.xlsx')指明文件在 D 盘根目录下。

③ Excel 包含多个表，若没有特别说明，默认情况下读取表 Sheet1，且返回表 Sheet1 的全部数据。如果 Sheet1 表的数据文件首行不是列元素，则读取数据的代码如下：

```
pd.read_excel('D:\data.xlsx', header = None)
```

5. 通过 CSV 文件创建 DataFrame 对象

例如：

```
import pandas as pd
frame = pd.read_csv('D:\data.csv')
frame
```

程序运行结果如下：

```
        City        Area      Population
0   Beijing      16410.54      2018.60
1   Shanghai      6340.50      2347.46
2   Shenzhen     11946.88      1354.58
```

说明：

① 第 2 条语句在读取 CSV 文件时，默认情况下使用","分隔符解析。若 CSV 文件使用其他分隔符，需要为 sep 参数赋值。例如，读取空格分隔符的 CSV 文件时，语句为

```
pd.read_csv('D:\data.csv', sep = ' ')
```

② 若 CSV 文件读取时编码有误，可以通过参数设置，如语句 encoding='utf8'指定字符集类型是"utf-8"。

3.3 清洗缺失值

缺失值是最常见的"脏数据"。缺失值的存在会影响数据分析结果，不完整的记录在分析和可视化时缺失实际意义。

有的数据工程师习惯先清洗缺失值，有的习惯先删除重复记录。建议初学者先清洗缺失值，常见方法包括 isnull( )、notnull( )、dropna( )和 fillna( )。方法 isnull( )和 notnull( )用于判断元素中的缺失值。方法 dropna( )用于删除缺失值。方法 fillna( )用于填充缺失值。

3.3.1 检查缺失值

Pandas 使用 isnull( )和 notnull( )方法（函数）检查缺失值，返回一个布尔型数组。为了使

用这两个方法，先创建一个包含有缺失值的 DataFrame 对象。例如：

```
import pandas as pd
frame = pd.DataFrame([[1,2,None], [3,None,None], [None,None,None], [4,5,None]])
print(frame)
```

程序运行结果如下：

```
     0      1      2
0  1.0    2.0   None
1  3.0    NaN   None
2  NaN    NaN   None
3  4.0    5.0   None
```

说明：

① 第 2 条语句为 DataFrame 对象赋值，包含 7 个 None 值。但程序的运行结果中不仅包含 None 值，还包含 NaN 值。虽然 None 和 NaN 都用来表示空缺的数据，但二者的行为在不同的场景下有相当大的差异。在 Pandas 中，如果其他数据都是数值类型，Pandas 会把 None 自动替换成 NaN。本例中，第一列和第二列包含其他数值类型，所以其中的 None 自动被替换成 NaN。

② None 值源自 Python，是 Python 的一种特殊的数据类型。NaN 源自 Pandas 和 Numpy 包，是一种特殊的浮点（float）数据类型。

方法 isnull( )与 notnull( )的使用方式类似，功能相反。例如，使用 isnull( )方法检查数据是否有缺失值：

```
import pandas as pd
frame = pd.DataFrame([[1,2,None], [3,None,None], [None,None,None], [4,5,None]])
frame.isnull()
```

程序运行结果如下：

```
      0       1      2
0  False   False   True
1  False   True    True
2  True    True    True
3  False   False   True
```

isnull( )方法是对各元素的遍历，返回 DataFrame 对象中每个元素是否是空值。若返回 True，表示数据是空值。如果数据多，则返回的阵列也多，很难快速发现缺失值，可以使用 any( )方法定位存在缺失值的列。先为 DataFrame 对象追加两条记录，再定位包含缺失值的列。例如：

```
import pandas as pd
frame = pd.DataFrame([[1,2,None], [3,None,None], [99,None,None], [4,5,None]])
frame_new = pd.DataFrame([[6,7,8], [9,10,11]])
frame = frame.append(frame_new)
print(frame)
print(frame.isnull().any())
```

程序运行结果如下：

```
        0        1        2
0       1      2.0     None
1       3      NaN     None
2      99      NaN     None
3       4      5.0     None
0       6      7.0        8
1       9     10.0       11

0     False
1      True
2      True
dtype: bool
```

说明：

① 结果的第一部分是输出追加两条记录后的 DataFrame 对象。

② 结果的第二部分是使用 any( )方法定位存在缺失值的列，本例中数据包含 3 列，只有第 0 列返回 False，不存在缺失数据，其他两列返回 True，均存在缺失数据。

3.3.2 删除含缺失值的行或列

若行数据包含缺失值，可以使用 dropna( )方法删除包含缺失值的记录行。例如：

```
import pandas as pd
frame = pd.DataFrame([[1,2,None], [3,None,None], [None,None,None], [4,5,None]])
frame_new = pd.DataFrame([[6,7,8], [9,10,11]])
frame = frame.append(frame_new)
print(frame.dropna(how = 'all'))
print(frame.dropna())
```

程序运行结果如下：

```
        0        1        2
0     1.0      2.0     None
1     3.0      NaN     None
3     4.0      5.0     None
0     6.0      7.0        8
1     9.0     10.0       11

        0        1        2
0     6.0      7.0        8
1     9.0     10.0       11
```

说明：

① 结果的第一部分显示删除全部为空值的行记录。方法 dropna(how='all') 是 dropna(how='all', axis=0)的简写，表示删除全部是空值的行记录。方法 dropna(how='all', axis=1) 表示删除全部是空值的列，这种情况相对较少。

② 第二部分使用 dropna( )方法，删除所有含缺失值的行，即仅输出不包含缺失值的行。

3.3.3 填充缺失值

方法 fillna( )用来填充缺失值。方法中的参数可以设置不同的标量值、字典、用数据本身的值或统计值填充。

1. 标量值填充缺失值

将"NaN"替换为0值是一种常见的填充缺失值的方法。例如：

```
import pandas as pd
frame = pd.DataFrame([[1,2,None], [3,None,None], [None,None,None], [4,5,None]])
frame.fillna(0)
```

程序运行结果如下：

```
     0      1      2
0   1.0    2.0    0
1   3.0    0.0    0
2   0.0    0.0    0
3   4.0    5.0    0
```

说明：第2条语句为 DataFrame 对象赋值7个 None，包含4个0和3个0.0，具体显示为0或者0.0则与列的数据类型有关。

2. 字典填充缺失值

方法 fillna( )传递一个字典说明对某一列填充的具体值。例如：

```
import pandas as pd
frame = pd.DataFrame([[1,2,None], [3,None,None], [None,None,None], [4,5,None]])
frame.fillna({0:0,1:1, 2:2})
```

程序运行结果如下：

```
     0      1      2
0   1.0    2.0    2
1   3.0    1.0    2
2   0.0    1.0    2
3   4.0    5.0    2
```

说明：

① 第3条语句为 DataFrame 对象第0列缺失值赋值为0，第1列缺失值赋值为1，第2列缺失值赋值为2。

② 输出结果中，第0列缺失值显示为0.0，第1列缺失值赋值为1.0，第2列缺失值赋值为2。显示值是否包含小数与列的数据类型相关。

3. 用数据本身的值填充缺失值

方法 fillna(method='ffill')将前一行的记录值赋值给下一行记录的缺失值。例如：

```
import pandas as pd
frame = pd.DataFrame([[1,2,None], [3,None,None], [None,None,None], [4,5,None]])
frame.fillna(method = 'ffill')
```

程序运行结果如下：

```
     0      1      2
0   1.0    2.0    None
1   3.0    2.0    None
2   3.0    2.0    None
3   4.0    5.0    None
```

说明：行索引为 2，列索引为 0 的缺失值，用其前一行记录的相应值"3.0"替代。其他缺失值的替代方法类似。

4．用统计值填充缺失值

也可以使用统计值对缺失值进行填充，如均值 mean( )、中位数 median( )、众数 most_frequent( )等，默认统计值是 mean( )，axis=0。例如：

```
import pandas as pd
frame = pd.DataFrame([[1,2,None],[3,None,None], [None,None,None],[4,5,None]])
print(frame.fillna(frame.mean()))
```

程序运行结果如下：

```
           0         1      2
0    1.00000     2.0    NaN
1    3.00000     3.5    NaN
2    2.66667     3.5    NaN
3    4.00000     5.0    NaN
```

说明：

① 行索引为 2、列索引为 0 的缺失值用列索引为 0 的非缺失值的均值替代，即(1+3+4)/3 = 2.666667。

② 行索引为 1、列索引为 1 的缺失值和行索引为 2、列索引为 1 的缺失值用列索引为 1 的非缺失值的均值替代，即(2+5)/2 = 3.5。

③ 行索引为 2 的整个列没有非缺失值，因此该列依旧为缺失值。

3.4 清洗格式内容

人工收集、手工录入，或者来源不同的数据通常在格式和内容方面会存在一些问题，如不同国家或地区的日期型数据格式可能是不同的，"2020-02-24""24-02-2020"和"02-24-2020"均表示 2020 年 2 月 24 日；也可能存在全半角的问题，如"Beijing"和"Ｂｅｉｊｉｎｇ"都表示同一个城市；也可能存在空格的问题，如" 北京 "和"北 京"都表示同一个城市"北京"。虽然用户可以理解数据的这些格式和内容问题，但计算机会将这类仅仅是格式不同内容相同的数据认为是不同的数据，在做分类汇总等数据分析时出现错误。

Python 使用函数和方法可以删除字符串中的空格、转换大小写和更改数据格式等。

3.4.1 删除字符串中的空格

数据的字符串前后或中间可能存在空格，如"北京"可能保存为"北 京"" 北京"或"北京 "等。数据空格主要是指字符串的头部、尾部和中间的空格。Python 包含 3 个去除字符串空格的内建函数，分别是：lstrip( )函数，功能是去掉字符串左边的空格或指定字符；rstrip( )函数，功能是去掉字符串末尾的空格；strip( )函数，功能是在字符串上执行 lstrip( )函数和 rstrip( )函数。

函数 map(function)将应用于 Series 对象中的每个元素，参数 function 是 Python 的函数

名。实现删除字符串空格的语句如下：

```
import pandas as pd
frame = pd.DataFrame({"城市":pd.Series(["  北  京  ","上海  ","  深圳"]), \
    "面积":pd.Series([16410.54, 6340.5,11946.88])})
print(frame)
print(frame["城市"].map(str.lstrip))
print(frame["城市"].map(str.rstrip))
print(frame["城市"].map(str.strip))
```

程序运行结果如下：

```
       城市      面积
0    北  京   16410.54
1     上海     6340.50
2     深圳   11946.88
0    北  京
1     上海
2     深圳
Name: 城市, dtype: object
0     北  京
1       上海
2       深圳
Name: 城市, dtype: object
0    北  京
1     上海
2     深圳
Name: 城市, dtype: object
```

说明：语句 frame["城市"].map(str.lstrip))的含义是去掉"城市"列的左边空格。

3.4.2 大小写转换

英文字符的大小写混用会在数据分类汇总分析时导致错误。清洗大小写混用是数据清洗的必要步骤之一。Python 包含 4 个字符大小转换的内建函数：upper( )函数的功能是将小写字母转换为大写；lower( )函数的功能是将大写字母转换为小写；swapcase( )函数的功能是将大写转换为小写，小写转换为大写；title( )函数的功能是返回"标题化"的字符串，就是所有单词都是以大写开始，其余字母均为小写。实现字符全部大写转换的语句如下：

```
import pandas as pd
frame = pd.read_csv('D:\data.csv')
print(frame)
frame['City'] = frame['City'].map(str.upper)
print(frame)
```

程序运行结果如下：

```
       City      Area  Population
0   Beijing  16410.54     2018.60
1  Shanghai   6340.50     2347.46
2  Shenzhen  11946.88     1354.58
       City      Area  Population
0   BEIJING  16410.54     2018.60
1  SHANGHAI   6340.50     2347.46
2  SHENZHEN  11946.88     1354.58
```

思考：用 lower( )函数、swapcase( )函数和 title( )函数替代上例中的 upper( )函数，程序运行效果是什么？

Python 提供判断字符大小写的函数。函数 islower( )判断字符串中的字符是否都是小写，若是，则返回 True，否则返回 False。函数 istitle( )判断字符串是否是标题化的，若是，则返回 True，否则返回 False。函数 isupper( )判断字符串中的字符是否都是大写，若是，则返回 True，否则返回 False。判断字符是否全部是小写的语句如下：

```python
import pandas as pd
frame = pd.read_csv('D:\data.csv')
frame['City'] = frame['City'].map(str.lower)
print(frame)
print(frame['City'].apply(lambda x: x.islower()))
```

程序运行结果如下：

```
        City      Area  Population
0    beijing  16410.54     2018.60
1   shanghai   6340.50     2347.46
2   shenzhen  11946.88     1354.58
0    True
1    True
2    True
Name: City, dtype: bool
```

说明：

① 方法 apply( )的参数较多，具体格式是

```python
apply(func, axis=0, broadcast=False, raw=False, reduce=None, args=( ), **kwargs)
```

功能是当函数参数已经存在于一个元组或字典中时，间接地调用函数，元素的参数是有序的，必须与 object( )形式参数的顺序一致，返回值是 object( )的返回值。其中，参数 args 是一个包含将要提供给函数的按位置传递的参数的元组。如果省略 args，任何参数都不会被传递。参数 kwargs 是一个包含关键字参数的字典。第 5 条语句将参数 islower( )方法的运行结果返回，即判断 DataFrame 对象的"City"列数据是否为小写的。

② 对 DataFrame 对象中的某些行或列，或者对 DataFrame 对象中的所有元素进行某种运算或操作时，Python 不用编写循环语句，可以使用 DataFrame 对象提供的方法 apply( )、map( ) 和 applymap( )实现相同的功能。apply( )方法用于 DataFrame 对象时，是对 DataFrame 对象的行或列进行计算；map( )方法和 applymap( )方法是元素级别的操作，即对 DataFrame 对象的每个元素的操作。

③ 语句 lambda x: x.islower( )使用了 lambda 匿名表达式。lambda 表达式的一般形式是关键字 lambda 后面跟一个或多个参数，紧跟一个"："，最后是一个表达式。lambda 表达式可以实现函数编程，即将函数作为参数传递给其他函数。它能够出现在 Python 语法不允许 def（定义函数）出现的地方。作为表达式，lambda 的功能与函数相同，均有返回值。

思考：（1）用 istitle( )函数和 isupper( )函数替代上述案例中的 islower( )函数，查看程序运行效果。

（2）将最后一条语句 frame['City'].apply(lambda x: x.islower( ))替换为语句 frame['City'].map(str.islower)，查看程序运行效果。

3.4.3　规范数据格式

Pandas 在读取数据文件时，可以规范化数据类型。如在读取 CSV 文件时，将某列规范为数值类型或字符类型，实现规范数据格式的语句如下：

```
import pandas as pd
frame = pd.read_csv('D:\data_format.csv', dtype={'Year': str})
frame['Year'] = frame['Year']+'000'
print(frame)
```

程序运行结果如下：

```
        City      Area  Population      Year
0    Beijing  16410.54     2018.60  1949000
1   Shanghai   6340.50     2347.46  1949000
2   Shenzhen  11946.88     1354.58  1979000
```

说明：

① 第 2 条语句在读取 CSV 文件的时候，通过 dtype 参数设置将"Year"列更改为字符串类型。

② 第 3 条语句将"Year"列的每个元素分别与字符串"000"相加。

思考：（1）案例是否改变了 frame 对象的"Year"列数据？为什么？

（2）文件 data_format.csv 的"Year"列数据是否改变了？为什么？

to_datetime( )方法可以解析多种不同的日期表示形式。例如：

```
import pandas as pd
frame = pd.read_csv('D:\data_date.csv')
print(frame)
frame['Year'] = pd.to_datetime(frame['Year'])
print(frame)
```

程序运行结果如下：

```
        City      Area  Population        Year
0    Beijing  16410.54     2018.60   1949-2-24
1   Shanghai   6340.50     2347.46   24-2-1949
2   Shenzhen  11946.88     1354.58   2-24-1979
        City      Area  Population        Year
0    Beijing  16410.54     2018.60  1949-02-24
1   Shanghai   6340.50     2347.46  1949-02-24
2   Shenzhen  11946.88     1354.58  1979-02-24
```

3.4.4　字符型数据判断

Python 可以对字符型数据的内容进行检查，主要函数如下。

函数 isalnum( )的功能是，如果字符串至少包含一个字符，且所有字符都是字母或数字，则返回 True，否则返回 False。

函数 isalpha( )的功能是，如果字符串至少包含一个字符并且所有字符都是字母，则返回 True，否则返回 False。

函数 isdigit( )的功能是，如果字符串只包含数字（如 Unicode 数字、半角数字、全角数字和罗马数字等），则返回 True，否则返回 False。

函数 isnumeric( )的功能是，如果字符串只包含数字字符（如 Unicode 数字、全角数字、罗马数字和汉字数字等），则返回 True，否则返回 False。

函数 isspace( )的功能是，如果字符串只包含空格，则返回 True，否则返回 False。实现字符型数据判断的语句如下：

```
import pandas as pd
frame = pd.read_csv('D:\data.csv')
print(frame['City'].apply(lambda x: x.isalpha()))
```

程序运行结果如下：

```
0    True
1    True
2    True
Name: City, dtype: bool
```

思考：用其他函数替代上述案例中 isalpha( )函数，查看程序运行效果。

3.5　清洗逻辑错误

逻辑错误就是不符合逻辑的数据问题，如重复记录、异常值和极端值（如工资高的不符合常理，学生成绩出现过多的零分）等。我们应尽早发现逻辑错误并清洗，以防止数据分析结果走偏。

3.5.1　删除重复记录

数据表中经常会出现重复的数据，可以使用 DataFrame 对象的 duplicated( )方法和 drop_duplicates( )方法查找并删除重复的行数据。方法 duplicated( )用来查找数据表中的重复行数据，返回一个布尔型的 Series，只有当两条记录完全一样时才会判断为重复值，返回值是 True，否则返回值是 False。方法 drop_duplicates( )用来删除数据表中的重复行数据。例如：

```
import pandas as pd
frame = pd.DataFrame({"城市":["北京", "上海"]*2 + ["深圳"], "面积":[16410.54, 6340.5, \
    16410.54, 6340.5, 11946.88]})
print(frame)
frame.duplicated()
print(frame.duplicated())
frame.drop_duplicates()
```

程序运行结果如下：

```
     城市       面积
0    北京    16410.54
1    上海     6340.50
2    北京    16410.54
3    上海     6340.50
```

```
4     深圳    11946.88
0      False
1      False
2      True
3      True
4      False
dtype: bool
```

	城市	面积
0	北京	16410.54
1	上海	6340.50
4	深圳	11946.88

说明：

① 输出结果的第一部分是 DataFrame 对象的数据，共 5 行 2 列。

② 输出结果的第二部分是判断 5 行数据是否有重复，结果为 True 的行是重复行。本例中的行索引为 2 和 3 的两行是重复行。

③ 输出结果的第三部分是删除重复记录行后的数据，共 3 行 2 列。默认情况下，保留第一个非重复的记录行，本例中保留行索引为 0 和 1 的两行，删除了行索引为 2 和 3 的两行重复行。默认情况下，duplicated( )方法和 drop_duplicates( )方法判断记录的全部列值是否重复，也可以增加参数指定某列或某行判断是否重复，语句是 frame.drop_duplicates(['列名'])。

思考：尝试使用 drop_duplicates(['列名'])方法修改代码，功能是判断出"列名"重复的记录然后删除，如"面积"列重复即删除整行。

3.5.2 替换不合理值

不合理数据主要是指异常值和极端值。统计学概念中，异常值是指一组测定值中与平均值的偏差超过 2 倍标准差的测定值 [6]。在数据挖掘领域，异常值又称为离群点，显著不同于其他数据，好像是它被不同机制产生的一样 [7]。极端值是指一个函数的极大值或极小值。由于异常值和极端值与正常值差异较大，在数据分析时容易产生较大的误差，影响数据的有效性和稳健性。由于数据的不同，对异常值和极端值的认定也有区别，如医学上对异常值和极端值的认定和精确度要求往往高于其他学科。

方法 replace(old, new[, max])的功能是把 old 值替换成 new 值，如果指定第 3 个参数 max，则替换不超过 max 次；若不指定第 3 个参数 max，则用 new 替换全部 old。例如：

```
import pandas as pd
frame = pd.read_csv('D:\data_date.csv')
print(frame)
print(frame.replace(16410.54, frame['Area'].mean()))
```

程序运行结果如下：

---

[6] 郑家亨. 统计大辞典. 北京：中国统计出版社，1995.

[7] 郑家炜. 数据挖掘概念与技术. 北京：机械工业出版社，2012.

```
        City       Area  Population       Year
0   Beijing   16410.54     2018.60  1949-2-24
1  Shanghai    6340.50     2347.46  24-2-1949
2  Shenzhen   11946.88     1354.58  2-24-1979
        City          Area  Population       Year
0   Beijing  11565.973333     2018.60  1949-2-24
1  Shanghai   6340.500000     2347.46  24-2-1949
2  Shenzhen  11946.880000     1354.58  2-24-1979
```

说明：最后一行代码用 frame['Area'].mean( )的值替换了 16410.54，详见输出结果。

3.6　删除非需求数据

非需求数据是指已经明确的不做数据分析和后期可视化的行数据或列数据。为了保证分析速度，我们可以对非需求数据先进行备份，然后删除所有非需求数据。

3.6.1　删除非需求行

3.3.2 节中使用了删除含缺失值的所有行记录的 dropna(axis=0)方法，删除含缺失值的所有列的 dropna(axis=1)方法。删除某一行的格式是 drop(i)，参数 i 是行索引值。例如：

```python
import pandas as pd
frame = pd.read_csv('D:\data_date.csv')
print(frame)
frame = frame.drop(1)
print(frame)
```

程序运行结果如下：

```
        City       Area  Population       Year
0   Beijing   16410.54     2018.60  1949-2-24
1  Shanghai    6340.50     2347.46  24-2-1949
2  Shenzhen   11946.88     1354.58  2-24-1979
        City       Area  Population       Year
0   Beijing   16410.54     2018.60  1949-2-24
2  Shenzhen   11946.88     1354.58  2-24-1979
```

说明：
① 输出结果的第一部分是 DataFrame 对象的数据，共 3 行。
② 语句 frame.drop(1)执行后，删除了行索引是 "1" 的行，输出结果只有 2 行。

思考：若语句 frame.drop(1)改为语句 frame.drop(3)，因为不存在行索引值是 "3" 的记录，程序是否会出错？为什么？

3.6.2　删除非需求列

删除列的格式如下：

```
del 对象名['列名']
```

例如：

```
import pandas as pd
frame = pd.read_csv('D:\data_date.csv')
print(frame)
del frame['Year']
print(frame)
```

程序运行结果如下：

```
        City      Area   Population       Year
0    Beijing  16410.54     2018.60  1949-2-24
1   Shanghai   6340.50     2347.46  24-2-1949
2   Shenzhen  11946.88     1354.58  2-24-1979
        City      Area   Population
0    Beijing  16410.54     2018.60
1   Shanghai   6340.50     2347.46
2   Shenzhen  11946.88     1354.58
```

说明：

① 输出的第一部分是从 CSV 文件读取的数据，包含 4 列。

② 第 4 条语句删除了 frame 对象的 Year 列，再次输出的 frame 对象只有 3 列。

3.7 分组、合并和保存

分组是将原始数据按照某种标准划分成不同的组别，主要目的是观察数据的分布特征，一般使用 cut( )方法实现。

为了提高数据的获取效率，多人同时合作是一种常见的获取数据方式。多人获取的列数据需要通过数据合并操作组成一个完整的数据表，一般使用 merge( )方法和 combine_first( )方法实现。

3.7.1 分组

分组也称为数据分段，判断每个元素是否在分组范围，若不在分组内，则显示为 NaN 值，否则显示数据所在的分组。下面对 "Population" 列进行分组，例如：

```
import pandas as pd
frame = pd.read_csv('D:\data_date.csv')
bins = [1500, 2000, 2500]
print(frame)
print(pd.cut(frame['Population'],bins))
```

程序运行结果如下：

```
        City      Area  Population        Year
0   Beijing  16410.54    2018.60   1949-2-24
1  Shanghai   6340.50    2347.46   24-2-1949
2  Shenzhen  11946.88    1354.58   2-24-1979
0     (2000, 2500]
1     (2000, 2500]
2              NaN
Name: Population, dtype: category
Categories (2, interval[int64]): [(1500, 2000] < (2000, 2500]]
```

说明：

① 输出的第一部分是从 CSV 文件读取的数据。

② 第二部分输出显示对"Population"列的分组情况，小于 1500 的值显示为 NaN 值，即无法分组。

3.7.2 数据合并

方法 merge( )可以根据一个或多个键值将不同 DataFrame 对象中的记录连接起来，结果数据集的行数并没有增加，列数则为两个元数据的列数和减去连接键的数量，类似 SQL 中的 JOIN 操作。merge( )常用格式如下：

```
merge(left, right, how = 'inner', on = None, left_on = None, right_on = None, \
     left_index = False, right_index = False, sort = True, \
     suffixes=('_x', '_y'), copy = True)
```

参数说明：

left 和 right 表示两个不同的 DataFrame 对象。

how 用于设置数据的合并方式。how 值有 4 种，分别是 inner（内连接）、left（左外连接）、right（右外连接）和 outer（全外连接），默认值是 inner。

on 用于设置用于连接的列索引名称，必须同时存在左右两个 DataFrame 对象中，默认以两个 DataFrame 对象的列名的交集为连接键。

left_on 是左侧 DataFrame 对象用作连接键的列名，这个参数在左右列名不同，但列名代表的含义相同时是非常有用的。

right_on 是右侧 DataFrame 对象用作连接键的列名。

left_index 设置是否使用左侧 DataFrame 对象的行索引作为连接键。

right_index 设置是否使用右侧 DataFrame 对象的行索引作为连接键。

sort 设置是否将合并的数据排序，默认为 True，但为了提高速度，建议设置为 False。

suffixes 设置字符串值组成的元组，用于指定当左右两个 DataFrame 对象存在相同列名时在列名后面附加的后缀名称，默认为('_x', '_y')。

copy 设置是否将数据复制到数据结构中，默认为 True，但为了提高速度，建议设置为 False。

1．参数最简单的数据合并

例如：

```
import pandas as pd
data1 = pd.read_csv('D:\data.csv')
data2 = pd.read_csv('D:\data_new.csv', dtype = {'Area Code': str})
print(data1)
print(data2)
print(pd.merge(data1, data2))
```

程序运行结果如下：

```
        City      Area  Population
0    Beijing  16410.54     2018.60
1   Shanghai   6340.50     2347.46
2   Shenzhen  11946.88     1354.58
        City Area Code
0    Beijing       010
1  Guangzhou       020
2   Shanghai       021
3  Chongqing       023
        City      Area  Population Area Code
0    Beijing  16410.54     2018.60       010
1   Shanghai   6340.50     2347.46       021
```

说明：

① 对象 data1 包含 3 行数据，对象 data2 包含 4 行数据，两个对象的共有列是 "City"，但要注意 "City" 值并不完全相同，如只有 data1 包含 "Shenzhen"。

② 方法 merge( ) 的参数只有两个对象，则默认值是 inner 内连接，以两个对象的共有列 "City" 为连接键。

③ 结果仅包含符合连接条件的两个对象中的行，共 2 条记录。因为内连接仅保留两个对象均包含连接键的记录，删除其他没有匹配的行，所以内连接可能丢失数据。

思考：（1）将最后一行语句修改为 print(pd.merge(data2, data1))，程序运行结果是否会有变化？为什么？

（2）对象 data2 在读取文件时，不设置 dtype={'Area Code': str}，程序运行结果是否会有变化？为什么？

2．设置键列的数据合并

例如：

```
import pandas as pd
data1 = pd.read_csv('D:\data.csv')
data2 = pd.read_csv('D:\data_new_2.csv', dtype = {'Area Code': str})
print(data1)
print(data2)
print(pd.merge(data1, data2, left_on = 'City', right_on = 'City Name', how = 'right'))
```

程序运行结果如下：

```
        City        Area  Population
0    Beijing   16410.54     2018.60
1   Shanghai    6340.50     2347.46
2   Shenzhen   11946.88     1354.58
       City Name Area Code
0       Beijing       010
1     Guangzhou       020
2      Shanghai       021
3     Chongqing       023
        City        Area  Population  City Name Area Code
0    Beijing   16410.54     2018.60    Beijing       010
1   Shanghai    6340.50     2347.46   Shanghai       021
2        NaN        NaN         NaN  Guangzhou       020
3        NaN        NaN         NaN  Chongqing       023
```

说明：

① 对象 data1 和 data2 共有列的列名是不同的，对象 data1 的列名是"City"，对象 data1 的列名是"City Name"，但二者的值是相同的，可以实现数据连接。

② 右连接返回结果是右表全部行和左表匹配的行，如果右表中某行在左表中没有匹配的行，则显示为 NaN 空值。

③ 默认的输入顺序是先输入非空记录，再输出有空值的记录。非空记录和有空值的记录的顺序是右表记录的原始顺序。

思考：（1）增加参数 sort＝True，按哪个列的值排序？程序运行结果是否有变化？为什么？

（2）尝试增加其他参数，或修改现有参数值（如设置为左连接），查看程序运行效果。

3．按索引的数据合并

还可以根据两个对象的索引进行数据合并。例如：

```
import pandas as pd
data1 = pd.read_csv('D:\data.csv')
data2 = pd.read_csv('D:\data_new.csv', dtype = {'Area Code': str})
print(data1)
print(data2)
print(pd.merge(data1, data2, left_index = True, right_index = True))
```

程序运行结果如下：

```
        City        Area  Population
0    Beijing   16410.54     2018.60
1   Shanghai    6340.50     2347.46
2   Shenzhen   11946.88     1354.58
        City Area Code
0    Beijing       010
1  Guangzhou       020
2   Shanghai       021
3  Chongqing       023
      City_x        Area  Population      City_y Area Code
0    Beijing   16410.54     2018.60     Beijing       010
1   Shanghai    6340.50     2347.46   Guangzhou       020
2   Shenzhen   11946.88     1354.58    Shanghai       021
```

说明：

① 本例没有设置连接方式，则默认值为内连接，以两个对象的共有索引为连接键。两个对象共有的索引是 0、1 和 2，共 3 个，所以合并后的结果为 3 条记录。

② 两个对象的均包含"City"列，合并后的数据为区分这两列而为列赋值了新的列名，分别是"City_x"和"City_y"。

方法 combine_first( )是一种对含有相同索引值的缺失值合并，也是对缺失数据的一种填充方法。例如：

```
import pandas as pd
frame1 = pd.Series([None,1.5,None,2.5,3.5,None])
frame2 = pd.Series([11,12,13,14,15,16,17])
frame1 = frame1.combine_first(frame2)
frame1.combine_first(frame2)
```

程序运行结果如下：

```
0    11.0
1     1.5
2    13.0
3     2.5
4     3.5
5    16.0
6    17.0
dtype: float64
```

说明：

① 对象 frame1 包含 6 行记录，其中 3 个元素是空值，对应的索引分别是 0、2 和 5。

② 对象 frame2 包含 7 行记录。用 combine_first( )方法合并数据时，以索引值为键值，将对象 frame1 中的空值用对象 frame2 对应索引的值替代。

方法 concat( )是一种很简单的合并方式，这种方法不考虑数据连接，而是简单地将一个数据表加到另一个数据表的后面或者右边。例如：

```
import pandas as pd
data1 = pd.read_csv('D:\data.csv')
data2 = pd.read_csv('D:\data_new.csv', dtype = {'Area Code': str})
print(data1)
print(data2)
print(pd.concat([data1, data2], axis = 0, sort = True))
```

程序运行结果如下：

```
       City        Area   Population
0   Beijing    16410.54      2018.60
1  Shanghai     6340.50      2347.46
2  Shenzhen    11946.88      1354.58
        City  Area Code
0    Beijing        010
1  Guangzhou        020
2   Shanghai        021
3  Chongqing        023
```

```
      Area Area Code      City  Population
0  16410.54       NaN   Beijing     2018.60
1   6340.50       NaN  Shanghai     2347.46
2  11946.88       NaN  Shenzhen     1354.58
0       NaN       010   Beijing         NaN
1       NaN       020 Guangzhou         NaN
2       NaN       021  Shanghai         NaN
3       NaN       023 Chongqing         NaN
```

说明：

① 语句 axis = 0 表示记录是行追加方式，即对象 data2 的记录追加到对象 data1 记录的后面。

② 语句 sort = True 表示对列名排序，本例中对象 data1 包含 3 个列，对象 data2 包含 2 个列，数据合并后共 4 个列（两个对象共有的"City"列只保留 1 个）。数据合并时，没有值的元素显示为 NaN 值。

思考：修改语句为 axis = 1，查看程序运行结果。

3.7.3 保存结果

数据清洗前需要必须备份源数据，数据清洗后的结果可以保存到数据文件中长期留存。在前面的案例中多次读取了数据文件，方法 to_csv( )和 to_excel( )可以将数据结果保存到文件。例如：

```python
import pandas as pd
data1 = pd.read_csv('D:\data.csv')
data2 = pd.read_csv('D:\data_new.csv', dtype = {'Area Code': str})
print(data1)
print(data2)
data1 = pd.merge(data1, data2, left_index = True, right_index = True)
print(data1)
data1.to_csv('D:\data.csv')
```

程序运行结果如下：

```
       City      Area  Population
0   Beijing  16410.54     2018.60
1  Shanghai   6340.50     2347.46
2  Shenzhen  11946.88     1354.58
        City Area Code
0    Beijing       010
1  Guangzhou       020
2   Shanghai       021
3  Chongqing       023
     City_x      Area  Population    City_y Area Code
0   Beijing  16410.54     2018.60   Beijing       010
1  Shanghai   6340.50     2347.46 Guangzhou       020
2  Shenzhen  11946.88     1354.58  Shanghai       021
```

说明：

① 最后一条语句将对象 data1 的数据写入 data.csv，原来 data.csv 文件的内容被删除。

② 打开文件 D:\data.csv，包含 3 条记录，每条记录包含 5 列。

如果希望明确"City"列的来源，则可以使用 rename( )方法修改数据的列名。例如：

```
import pandas as pd
data1 = pd.read_csv('D:\data.csv')
data2 = pd.read_csv('D:\data_new.csv', dtype = {'Area Code': str})
print(data1)
print(data2)
data1 = pd.merge(data1, data2, left_index = True, right_index = True)
data1 = data1.rename(columns = {'City_x':'data_City', 'City_y':'data_new_City'})
print(data1)
data1.to_csv('D:\data.csv')
```

程序运行结果如下：

```
        City      Area  Population
0   Beijing  16410.54     2018.60
1  Shanghai   6340.50     2347.46
2  Shenzhen  11946.88     1354.58
         City Area Code
0    Beijing       010
1  Guangzhou       020
2   Shanghai       021
3  Chongqing       023
   data_City      Area  Population data_new_City Area Code
0    Beijing  16410.54     2018.60       Beijing       010
1   Shanghai   6340.50     2347.46     Guangzhou       020
2   Shenzhen  11946.88     1354.58      Shanghai       021
```

说明：rename( )方法将列名"City_x"重命名为"data_City"，将列名"City_y"重命名为"data_new_City"。

3.8 数据清洗案例

本节通过数据清理案例整合 Pandas 应用，让读者发现和总结数据清洗技巧。

3.8.1 案例 1

案例参考自 Hadley Wickham[8]并做了适当的修改，读取文件数据，观察数据存在的问题。例如：

```
import pandas as pd
df = pd.read_csv('D:\test.csv')
df
```

---

[8] tidy-data, Hadley Wickham, RStudio．Journal of Statistical Software, Vol 59 (2014), Issue 10.

程序运行结果如下：

	001	Zhang hong	27	1.8m	65	70	73	-	-.1	-.2
0	2.0	Wang lili	37.0	165cm	-	-	-	75	72	70
1	3.0	Xiao mei	48.0	172cm	-	-	-	65	67	77
2	4.0	Xiao yan	NaN	NaN	66	65	69	-	-	-
3	5.0	He lin	29.0	1.74m	-	-	-	69	NaN	75
4	NaN	NaN	NaN	NaN	NaN	NaN	NaN	NaN	NaN	NaN
5	6.0	Hu xiaoxiao	43.0	183cm	-	-	-	65	65	70
6	7.0	Zhao ming	55.0	155cm	-	-	-	69	65	70
7	8.0	Li xiang	39.0	1.68m	-	-	-	70	79	73
8	9.0	Wen xin	20.0	1.7m	-	-	-	70	70	70

说明：数据文件保存了病人的序号、姓名、年龄、身高等数据，还包括 3 个时间段的检测值，其中男性和女性的检测时间分别是 00:00－06:00、06:00－12:00 和 12:00－18:00，共使用 6 个列按性别和检测时间分别保存检测值数据。

数据存在的问题：

❖ 显示结果中没有列头，自动将第一行记录作为列头。

❖ 一个列包含多个列值，如"Wang lili"将姓和名保存为一个列值。

❖ 第一列的数据显示为"2.0""3.0"等，源文件的实际数据是"001"和"003"，数据格式存在问题。

❖ 年龄列显示为"37.0""48.0"等，还包含空值。

❖ 列值的单位不统一，如身高列中包含"cm"和"m"两种单位的数据。

❖ 空行，如行索引值为 4 的行值全部为"NaN"。

1. 解决没有列头的问题

在读取数据文件时，为没有列头的列赋值。例如：

```
import pandas as pd
column_names= ['id','name','age','height','m0006','m0612','m1218','f0006','f0612','f1218']
df = pd.read_csv('D:\test.csv', names = column_names, dtype = {'id': str})
df.head()
```

程序运行结果如下：

	id	name	age	height	m0006	m0612	m1218	f0006	f0612	f1218
0	001	Zhang hong	27.0	1.8m	65	70	73	-	-	-
1	002	Wang lili	37.0	165cm	-	-	-	75	72	70
2	003	Xiao mei	48.0	172cm	-	-	-	65	67	77
3	004	Xiao yan	NaN	NaN	66	65	69	-	-	-
4	005	He lin	29.0	1.74m	-	-	-	69	NaN	75

说明：

① 列表 column_names 包含 10 个元素，即 10 个列头的数据。

② read_csv( )方法在读取数据文件的同时定义列头。

③ head( )方法没有参数，默认显示数据集的前 5 行。

2．解决一个列包含多个列值的问题

将 name 列中的姓和名分为 last_name 列和 first_name 列，并删除 name 列。例如：

```
df[['last_name', 'first_name']] = df['name'].str.split(expand = True)
df.drop('name', axis = 1, inplace = True)
df.head()
```

程序运行结果如下：

	id	age	weight	m0006	m0612	m1218	f0006	f0612	f1218	last_name	first_name
0	001	27.0	1.8m	65	70	73	-	-	-	Zhang	hong
1	002	37.0	165cm	-	-	-	75	72	70	Wang	lili
2	003	48.0	172cm	-	-	-	65	67	77	Xiao	mei
3	004	NaN	NaN	66	65	69	-	-	-	Xiao	yan
4	005	29.0	1.74m	-	-	-	69	NaN	75	He	lin

说明：

① 方法 split( )通过指定分隔符对字符串进行切片，返回分割后的字符串列表。参数 num 设置分割次数，格式是

```
str.split(str="", expand, num = string.count(str))
```

参数 str 默认为空字符，包括空格、换行（\n）、制表符（\t）等，参数 expand 为 True 时，把分割的内容当成一列。第 1 条语句对 name 列进行分割，默认使用空格分割出两个新列。

② 第 2 条语句使用 drop( )方法删除 name 列，参数 axis 指定删除轴，语句 axis = 1 表示纵轴，就是列。可选参数 inplace 确定对源数据的修改方式，默认为 False。如果 inplace = True，则表示源数据直接被替换；如果 inplace = False，则表示保留源数据，结果赋值给一个新的数组或者覆盖原数组。

3．解决重复行的问题

删除空行，查看单位不统一的记录。例如：

```
df.dropna(how = 'all', inplace = True)
rows_with_cm = df['height'].str.contains('cm').fillna(False)
df[rows_with_cm]
```

程序运行结果如下：

	id	age	height	m0006	m0612	m1218	f0006	f0612	f1218	last_name	first_name
1	002	37.0	165cm	-	-	-	75	72	70	Wang	lili
2	003	48.0	172cm	-	-	-	65	67	77	Xiao	mei
6	006	43.0	183cm	-	-	-	65	65	70	Hu	xiaoxiao
7	007	55.0	155cm	-	-	-	69	65	70	Zhao	ming

说明：

① 第 1 条语句删除了一条记录，参数 how = 'all'说明被删除记录的所有列值均是空值。

② 方法 contains('cm')的功能是包含"cm"的记录。

③ 第 3 条语句显示 height 列中包含"cm"的记录，共 4 条。

4．解决单位不统一的问题

解决 height 列中身高单位既有"m"也有"cm"的问题，使用 Pandas 遍历记录，找到包含"cm"的记录修改为"m"。例如：

```
for i, cm_row in df[rows_with_cm].iterrows():
    height = float(cm_row['height'][:-2])/100
    df.at[i, 'height'] = '{}m'.format(height)
df
```

程序运行结果如下：

	id	age	height	m0006	m0612	m1218	f0006	f0612	f1218	last_name	first_name
0	001	27.0	1.8m	65	70	73	-	-	-	Zhang	hong
1	002	37.0	1.65m	-	-	-	75	72	70	Wang	lili
2	003	48.0	1.72m	-	-	-	65	67	77	Xiao	mei
3	004	NaN	NaN	66	65	69	-	-	-	Xiao	yan
4	005	29.0	1.74m	-	-	-	69	NaN	75	He	lin
6	006	43.0	1.83m	-	-	-	65	65	70	Hu	xiaoxiao
7	007	55.0	1.55m	-	-	-	69	65	70	Zhao	ming
8	008	39.0	1.68m	-	-	-	70	79	73	Li	xiang
9	009	20.0	1.7m	-	-	-	70	70	70	Wen	xin

说明：

① 方法 iterrows( )是在数据中进行行迭代的一个生成器，返回值为元组。

② 对包含在 df[rows_with_cm]中的每条记录进行两步操作，第一步是通过原值计算出统一单位（m）的对应值。语句 cm_row['height']循环 4 次，取出的值分别是"165cm""172cm""183cm"和"155cm"。语句 cm_row['height'][:-2]表示取出的值去掉右侧 2 个字符，分别得到"165""172""183"和"155"。

③ 方法 format( )用于字符串的格式化输出，格式化字符串放入花括号中，其他未放入"{ }"的字符会原封不动地出现在结果中。语句"'{}m'.format(height)"表示将 height 的值替代"{ }"输出，即 height 值的后面加上字符串"m"。

5．解决空值和格式化的问题

行索引是 3 的记录的 age 列显示为空值，可以使用 fillna( )为该元素赋值。age 列显示值带小数，将其规范为整型数据，美化显示效果。例如：

```
df["age"] = df["age"].fillna(int(df["age"].mean()))
df['age'] = df['age'].astype(int)
df.iat[3,2]= "1.77m"
df
```

程序运行结果如下：

	id	age	height	m0006	m0612	m1218	f0006	f0612	f1218	last_name	first_name
0	001	27	1.8m	65	70	73	-	-	-	Zhang	hong
1	002	37	1.65m	-	-	-	75	72	70	Wang	lili
2	003	48	1.72m	-	-	-	65	67	77	Xiao	mei

	id	age	height							first_name	last_name
3	004	37	1.77m	66	65	69	-	-	-	Xiao	yan
4	005	29	1.74m	-	-	-	69	NaN	75	He	lin
6	006	43	1.83m	-	-	-	65	65	70	Hu	xiaoxiao
7	007	55	1.55m	-	-	-	69	65	70	Zhao	ming
8	008	39	1.68m	-	-	-	70	79	73	Li	xiang
9	009	20	1.7m	-	-	-	70	70	70	Wen	xin

说明：

① 为缺失值赋值。语句 fillna(int(df["age"].mean( )))的含义是用标量值 int(df["age"].mean( )填充 "NaN"。

② 方法 astype(int)实现变量类型转换，是规范数据类型的一种常见方法。数据规范为整型后，输出的 age 列不再显示小数。

6．解决列头是值而不是变量名的问题

这个问题较为复杂。6 个列头是由性别和时间范围两部分组成的，列头包含 "m" 和 "f" 表示性别，"0006" "0612" 和 "1218" 表示时间段。列头是值而不是变量名。正确的做法是将现有列头改为变量，如性别和时间。例如：

```
sorted_columns = ['id', 'age', 'height', 'first_name', 'last_name']
df = pd.melt(df, id_vars = sorted_columns, var_name ='sex_hour', \
    value_name = 'puls_rate').sort_values(sorted_columns)
df[['sex', 'hour']] = df['sex_hour'].apply(lambda x:pd.Series(([x[:1], \
    '{}-{}'.format(x[1:3], x[3:])])))[[0, 1]]
df.drop('sex_hour', axis = 1, inplace = True)
row_with_dashes = df['puls_rate'].str.contains('-').fillna(False)
df.drop(df[row_with_dashes].index, inplace = True)
df.head()
```

程序运行结果如下：

	id	age	height	first_name	last_name	puls_rate	sex	hour
0	001	27	1.8m	hong	Zhang	65	m	00-06
9	001	27	1.8m	hong	Zhang	70	m	06-12
18	001	27	1.8m	hong	Zhang	73	m	12-18
28	002	37	1.65m	lili	Wang	75	f	00-06
37	002	37	1.65m	lili	Wang	72	f	06-12

说明：

① 结果共 27 条记录。

② 方法 melt( )的功能是将列名转变为变量，格式是

```
pandas.melt(frame, id_vars=None, value_vars=None, var_name=None, value_name='value',\
    col_level=None)
```

其中，参数 frame 表示要处理的数据集；id_vars 是不需要被转换的列名；value_vars 是需要转换的列名；var_name 和 value_name 是自定义设置对应的列名。如果列是 MultiIndex，则需要设置 col_level 参数。

③ 方法 drop( )删除没有测量值的数据。

思考：语句 df = df.reset_index(drop=True)的运行结果。

3.8.2 案例 2

数据文件 data_date.csv 仅包含一个 "year" 列，读取文件，观察其中存在的问题。例如：

```
import pandas as pd
frame = pd.read_csv('D:\data_date.csv', encoding = 'gbk')
print(frame)
```

程序运行结果如下：

```
         year
0        1975
1        1975年
2        1975年2月
3        1975-1976
4        0
5        1975年前
6        ~1975
7        1975-1976
8        1975年2月
9        1975年
10       1975年前
11       1975年后
12       ~1975
13       1975
14       1975-1976
15       None
16       1975
17       1975年
18       1975年
19       1975年2月
20       0
21       0
22       1975
23       1975
24       1975年前
```

数据表面上看都是 "1975" 年，但实际存在的数据问题较多。

❖ 数据类型不统一，有的仅有数字，有的包含中文 "年" "年前" 和 "年后"。

❖ 有的年份还包含月份。

❖ 包含特殊符号，如 "~"。

❖ 有的是一个范围，如 "1975-1976"。

❖ 有零值和空值。

1．分类汇总，查看问题的种类

在读取数据文件时，为没有列头的列赋值。例如：

```
frame['year'].value_counts()
```

程序运行结果如下：

```
1975        5
1975年       4
0           3
1975年2月     3
1975-1976   3
1975年前      3
~1975       2
1975年后      1
None        1
Name: year, dtype: int64
```

说明：数据总计 25 行，分为 9 类，正确的数据仅有 5 行；其他分类均要修改。

2．解决日期保存为范围的问题

有一类数据是日期范围 1975 年至 1976 年，这类数据有 3 条，仅保留这类数据的前 4 个字符"1975"。例如：

```
row_with_dashes = frame['year'].str.contains('-').fillna(False)
for i, dash in frame[row_with_dashes].iterrows():
    frame.at[i, 'year'] = dash['year'][0:4]
frame['year'].value_counts()
```

程序运行结果如下：

```
1975        8
1975年       4
0           3
1975年2月     3
1975年前      3
~1975       2
1975年后      1
None        1
Name: year, dtype: int64
```

说明：

① 第 1 条语句的 contains('-')方法判断记录是否包含字符"-"。包含字符"-"的记录赋值给对象 row_with_dashes。

② 循环语句取出每条记录"year"列的前 4 个字符赋值给 frame 对象。运行后"1975-1976"的结果变为"1975"。

③ 最后一条语句根据"year"列分类汇总。分类汇总后共 8 类，其中"1975"类共 8 条记录，包含原来的记录 5 条和修改后的记录 3 条。原来的"1975-1976"类已经没有了。

思考：用同样方法对"1975 年""1975 年 2 月""1975 年前""1975 年后"和"~1975"的数据进行处理，仅保留"1975"。

提示：语句 frame.at[i, 'year'] = dash['year'][-4:]表示仅保留最右侧的 4 个字符。

3．解决缺失值的问题

有一类数据是"None"，仅保留这类数据的前 4 个字符"1975"。例如：

```
frame['year'] = frame['year'].replace('None', '0', regex = True)
frame['year'].value_counts()
```

程序运行结果如下：

```
1975    21
0       4
Name: year, dtype: int64
```

说明：用 replace( ) 方法将 "None" 替换为 "0"，再次分类汇总后只分为两类。建议根据实际情况和需要修改零值，如为零值赋值一个日期，或者删除包含零值的记录。

小　结

本章首先介绍了 Jupyter Notebook 的安装、启动、关闭和保存方法，然后介绍了 Pandas 的系列和数据帧，使用 Pandas 实现数据清洗的方法和技巧，包括缺失值、格式内容和逻辑错误的清洗，删除非需求数据，数据分组、合并和保存，最后通过两个综合案例说明数据清洗的步骤和技巧。

建议读者根据个人的基础和兴趣，选学正则表达式相关内容，尝试使用正则表达式匹配的方法清洗数据。

习 题 3

1．Pandas 包共有几种数据结构？都是几维数据？
2．为什么要清洗数据格式？主要包括哪些具体工作？
3．常见的数据逻辑错误有哪些？
4．多人合作同时进行数据清洗前需要完成哪些工作？

第4章　数据分析

飞速发展的计算机和网络技术引领我们进入到大数据时代，让世界上任何看得到摸得着的物理实体数据化已经成为现实。数据已经成为生活和工作的日常，但数据并不全是有用的数据（知识），有用的数据往往淹没在大量的、异构的、碎片化的数据中。数据分析是把有用的数据（知识）从大量杂乱无章的数据中萃取和提炼出来，帮助人们正确地、多角度地认识世界。数据分析将最大化开发数据的功能，发挥数据的作用。

在现实生活和工作中，数据分析可帮助人们做出判断，以便采取适当的行动。首先，数据分析可以进行现状分析，描述当前发生了什么；其次，进行原因分析，解释为什么；再次，进行预测分析，尝试发现未来可能发生的问题；最后，根据上述三种分析进行指令型分析，解决需要怎么做的问题。例如，地图 APP 帮助用户描述当前的路况，标注原因（如地铁停运、临时封路等），预测从单位回家需要的时间，最后通过指令型分析，给出回家的最优路线建议（如最短时间、最便宜、最少走路等）。

数据分析不是单向的，而是一个多次运行的环形。数据分析可以描述现状、发现原因、进行预测和指令选择，然后根据原因、复测和指令选择进一步数据分析。周而复始，直到得到满意的结果。

数据分析是一门古老的学科，数据分析软件是伴随着计算机出现的，如 Excel、SPSS、SAS、SQL、Python 和 R 等。第 2 章已经介绍了 Python 语言，本章进一步使用 Python 实现数据分析。本章所有案例基于 Mac 系统。

4.1　数据定位

数据分析是指对一些特定的数据进行读取和处理，如某一列、某几行、某行某列的元素等。正确的定位数据、读取数据和写入文件是数据分析的基础。本节用方括号[ ]、索引器 loc[ ]、索引器 iloc[ ]和索引器 iat[ ]实现数据的准确定位，其中方括号的操作最为简单、便捷。

4.1.1　了解基本数据

首先，我们充分了解基本数据，为后续的数据分析奠定基础。文件 magic.csv 是关于椅子的部分售卖数据。读取文件数据后，可以查看数据的列数据、行数据和索引数据等。

1．浏览原始数据

新建一个程序文件 test.py，编辑运行代码，或者启动 Jupyter Notebook 服务器查看运行代码。例如：

```
import pandas as pd
```

```
frame = pd.read_csv('/Users/yinghliu/Desktop/magic.csv', encoding = 'gbk')
print(frame.shape)
print(frame.columns)
print(frame.index)
frame.head( )
```

程序运行结果如下：

```
(101, 6)
Index(['name', 'description', 'prodprice', 'bearing weight', 'height',
       'depth'],
      dtype='object')
RangeIndex(start=0, stop=101, step=1)
```

	name	description	prodprice	bearing weight	height	depth
0	RENBERGET 伦贝特	转椅	299	110	59	65
1	FLINTAN 福通 / 诺米纳尔	带扶手转椅	499	110	74	69
2	伯尔杰	椅子	249	110	44	55
3	HENRIKSDAL亨利克	椅子	999	110	51	58
4	马林达	椅子垫	49	35	40	38

说明：

① 语句 frame.shape 运行结果显示(101, 6)，表示 frame 对象从文件 magic.csv 读取的数据共包含 101 条记录，每条记录包含 6 列。

② 语句 frame.columns 显示 6 列分别是椅子的名称（name）、详细描述（description）、价格（prodprice）、承重量（bearing weight）、高度（height）和深度（depth），数据类型是"object"。

③ 语句 frame.index 显示对象 frame 的索引值（index）从 0 开始，结束于 101，步长是 1。注意，首条记录的索引值是 0，最后一条记录的索引值是 100，共 101 条记录。

④ 语句 frame.head( )显示对象 frame 的前 5 条数据。

2．删除部分数据

为了更清楚地理解索引的含义，本例先删除 magic.csv 文件的 4 条记录，索引分别是 1、3、6 和 7，然后查看前 10 行数据，注意数据的 index 值。例如：

```
import pandas as pd
frame = pd.read_csv('/Users/yinghliu/Desktop/magic.csv', encoding = 'gbk')
frame.drop(frame.index[[1, 3, 6, 7]], inplace = True)
frame.head(10)
```

程序运行结果如下：

	name	description	prodprice	bearing weight	height	depth
0	RENBERGET 伦贝特	转椅	299	110	59	65
2	伯尔杰	椅子	249	110	44	55
4	马林达	椅子垫	49	35	40	38
5	托亚斯	椅子	499	110	55	56

8	HENRIKSDAL亨利克	椅子	499		110	51	58
9	英格弗	椅子	399		100	43	52
10	拉罕姆	椅子	199		110	42	49
11	阿德	椅子	59		110	39	47
12	爱格	椅子	199		58	56	43
13	赫尔曼	椅子	129		45	50	39

说明：

① 当 drop( )方法的参数 inplace 为 True 时，会修改 frame 对象的值。本例中删除了 4 条记录。

② 方法 head( )无参数时，默认显示前 5 条记录，方法 head(10)显示前 10 条记录。运行结果显示，索引不再是连续的，因为 4 条记录已经被删除。

4.1.2 使用[ ]定位

使用[ ]可以方便地对数据集进行行切片、列切片和区域选择。行切片的常见格式是方括号中包含以 "："分隔的两个整型数据，如[m:n]表示选取从第 m～n-1 条记录的数据，参数 m 和 n 与记录的位置有关，与 index 索引值（也称为索引标签）无关。（注意：首条记录是第 0 条记录，然后是第 1 条、第 2 条记录，不要与 index 值混淆，默认 index 从 "0" 值开始，但删除一些记录后 index 值并不是连续的），记录共 n-m 条。[ ]中也可以是只包含一个整型数据值，如[:n]表示选取从第 0～n-1 条的行数据，记录共 n 条，[m:]表示选取从 m 条记录到最后一条记录。

1．方括号行切片

例如，读取 magic.csv 文件，删除索引值分别是 1、3、6 和 7 的记录，则语句 frame[1:3] 的运行结果如下。

	name	description	prodprice	bearing weight	height	depth
2	伯尔杰	椅子	249	110	44	55
4	马林达	椅子垫	49	35	40	38

说明：语句 frame[1:3]表示从第 1 条记录开始显示直到第 2 条记录，共 2 条记录，首条记录是第 0 条记录。

再如，只包含一个索引值的语句 frame[:3]的运行结果如下。

	name	description	prodprice	bearing weight	height	depth
0	RENBERGET 伦贝特	转椅	299	110	59	65
2	伯尔杰	椅子	249	110	44	55
4	马林达	椅子垫	49	35	40	38

说明：

① 语句 frame[:3]表示从第 0 条记录开始显示，直到第 2 条记录，共 3 条记录。

② 若修改语句 frame[:3]为语句 frame[3:]，则表示从第 3 条记录开始显示，直到最后一

条记录。本例中该语句的运行结果共显示 94 条记录。

2．方括号列切片

列切片的常见格式是方括号中包含一个或多个列名，如['列名 1', '列名 2']表示选取全部行数据的"列名 1"和"列名 2"共 2 列的数据。例如，语句 frame[['name', 'prodprice']]的运行结果如下（结果显示全部记录，共 97 条，此处为节省版面，仅显示前 5 行）。

	name	prodprice
0	RENBERGET 伦贝特	299
2	伯尔杰	249
4	马林达	49
5	托亚斯	499
8	HENRIKSDAL亨利克	499

3．方括号区域切片

区域切片结合了行切片和列切，即至少包含两对"[]"，前一对用于行切片，后一对用于列切片。例如，语句 frame[1:3][['name' , 'depth']]的运行结果如下：

	name	depth
2	伯尔杰	55
4	马林达	38

又如，语句 frame[['name', 'prodprice']].head(3)结合"[ ]"和其他方法实现区域切片。运行结果如下：

	name	prodprice
0	RENBERGET 伦贝特	299
2	伯尔杰	249
4	马林达	49

说明：

① "[]"实现列切片，包含"name"和"prodprice"列。

② 方法 head(3)实现行切片，显示前 3 条记录，即第 0～2 条记录。

4.1.3　使用 loc[ ]定位

索引器 loc[ ]的功能是按照索引标签实现行列定位，参数可以是单个标签，如 7 或'depth'（注意，7 在此处被解释为索引的标签，而不是索引的整数位置），也可以是标签列表或数组，如['a', 'b', 'c']，还可以是带有标签的切片对象，如'a' : 'f'。索引器 loc[ ]可以实现行切片、列切片或区域切片。具体的功能和详细说明参见官网相关文档 [1]。

1．默认索引值行切片案例

读取数据文件时，默认的 index 值从 0 开始，步长为 1，依次递增。本例使用的文件

---

[1]　http://pandas.pydata.org/pandas-docs/stable/generated/pandas.DataFrame.loc.html

magic.csv 包含原始数据 101 条，默认索引值为 0～100，定位索引值为 2～4 的记录。例如：

```
import pandas as pd
frame = pd.read_csv('/Users/yinghliu/Desktop/magic.csv', encoding = 'gbk')
frame.drop(frame.index[[1, 3, 6, 7]], inplace = True)
frame.loc[2:4]
```

程序运行结果如下：

	name	description	prodprice	bearing weight	height	depth
2	伯尔杰	椅子	249	110	44	55
4	马林达	椅子垫	49	35	40	38

说明：

① 语句 loc[2:4]的含义是定位索引值是 2～4 的记录。但 drop( )方法删除了索引值是 1、3、6 和 7 的记录，所以最后仅定位 2 条记录，索引值分别是 2 和 4。

② 索引器 loc[ ]无法通过参数确定切片的行记录条数，只可以确定最多的条数，如本例中语句 frame.loc[2:4]最多显示 4-2+1=3 条记录。但由于有记录删除，实际显示了 2 条记录。

③ 无论是否有记录删除，语句 frame[2:4]确定显示 2 条记录，显示的结果与删除的记录相关。

2. 再定义索引值行切片

索引值不是一成不变，而是可以任意修改的，甚至可以修改为其他数据类型。

方法 date_range( )的功能是生成一个固定频率的时间序列，格式为

```
date_range(start = None, end = None, periods = None, freq = 'D', tz = None, \
    normalize = False, name = None, closed = None, **kwargs)
```

使用时至少包含 start、end 或 periods 三个参数中的两个。

参数 start 可以是 string 或 datetime-like 数据类型，默认值是 None，表示日期的起点。

参数 end 可以是 string 或 datetime-like 数据类型，默认值是 None，表示日期的终点。

参数 periods 表示时间序列的个数，取值为整数或 None。

参数 freq 表示日期偏移量，数据类型为 string 或 DateOffset，默认为'D'，表示以自然日为偏移单位，偏移单位也可以是小时、秒等时间单位，如"5H"表示每次增量是 5 小时。

参数 normalize 若为 True，则表示将 start 和 end 两个参数值都转化为当日的午夜 0 点。

参数 name 表示生成时间索引对象的名称，数据类型为 string 或 None 值。

参数 closed 的默认值是 None，表示参数 start 和参数 end 是闭区间，即[start, end]；若参数 closed 的值是 left，则表示参数 start 是闭区间，参数 end 是开区间，即[start, end)；若参数 closed 的值是 right，则表示参数 start 是开区间，参数 end 是闭区间，即(start, end]。

本例使用的文件 magic.csv 包含原始数据共 101 条，默认索引值为 0～100。本例先读取数据文件，再修改索引值为日期型数据，最后根据新的索引值定位记录。例如：

```
import pandas as pd
frame = pd.read_csv('/Users/yinghliu/Desktop/magic.csv', encoding = 'gbk')
dates = pd.date_range('1/1/2000', periods = 101)
frame.index = dates
frame.loc['20000102':'20000104']
```

程序运行结果如下：

	name	description	prodprice	bearing weight	height	depth
2000-01-02	FLINTAN 福通／诺米纳尔	带扶手转椅	499	110	74	69
2000-01-03	伯尔杰	椅子	249	110	44	55
2000-01-04	HENRIKSDAL亨利克	椅子	999	110	51	58

说明：

① 方法 date_range('1/1/2000', periods=101)表示时间序列从 2000 年 1 月 1 日开始，步长是一天，序列共包含 101 个日期值。

② 语句 frame.index= dates 的功能是将生成的日期序列赋值给对象 frame 的索引值 index，执行该语句后，frame 对象的索引值发生了变化。

③ 语句 frame.loc['20000102':'20000104']也可以用 frame.loc['2000/01/02':'2000/01/04']替代，虽然日期的写法不同，但含义相同。

思考：（1）若将语句 frame.loc['2000/01/02':'2000/01/04']修改为 frame.loc[2,4]，程序输出结果是否有变化？为什么？

（2）修改语句实现再定义索引值的列切片。

3．再定义索引后区域切片

可以定位一个区域，即使用索引器 loc[ ]同时实现行列切片。例如：

```
import pandas as pd
frame = pd.read_csv('/Users/yinghliu/Desktop/magic.csv', encoding = 'gbk')
dates = pd.date_range('1/1/2000', periods = 101)
frame.index = dates
frame.loc['20000405':, 'name':'prodprice']
```

程序运行结果如下：

	name	description	prodprice
2000-04-08	马林达	椅子垫	49
2000-04-09	伯恩哈德	椅子	1299
2000-04-10	伯尔杰	椅子	249

说明：语句 frame.loc['20000405': , 'name':'prodprice']中，"，"前的部分是行切片，表示索引值从"20000405"开始到最后一条记录，"，"后的部分是列切片，表示"name"列到"prodprice"列，共 3 列。

4.1.4 使用 iloc[ ]定位

索引器 iloc[ ]是针对位置的切片（position-based），而 loc[ ]是针对标签的（label-based）切片。因为索引值可以设置为多种数据类型，所以索引器 loc[ ]方括号中的值也是多种多样的。而 iloc[ ]是按照索引的位置来进行选取，所以 iloc[ ]方括号中只能是整型数值。注意，无论首条记录的索引值是何种数据类型，具体值是多少，首条记录的位置一定是 0，并按步长 1 逐步递增。

1. 切片一个元素

修改上述数据如下

```
frame.iloc[3, 5]
```

程序运行结果如下：

```
56
```

说明：

① "[ ]"中，","前的部分是行的索引位置，","后的部分是列的索引位置。本例输出的是行位置是 3，列位置是 5 的元素值。语句 frame.head( )查看前 5 条记录，更容易理解本例。

	name	description	prodprice	bearing weight	height	depth
0	RENBERGET 伦贝特	转椅	299	110	59	65
2	伯尔杰	椅子	249	110	44	55
4	马林达	椅子垫	49	35	40	38
5	托亚斯	椅子	499	110	55	56
8	HENRIKSDAL亨利克	椅子	499	110	51	58

② 行位置是 3，即 name 是"托亚斯"所在的行，列位置是 5，即列名是"depth"，行列交叉的位置元素是"56"。注意，首行记录的索引位置是 0，即 0 行；同理，首列即"name"列，是 0 列。

2. 连续行切片

修改上述数据如下

```
frame.drop(frame.index[[1, 3, 6, 7]], inplace = True)
frame.iloc[3:5]
```

程序运行结果如下：

	name	description	prodprice	bearing weight	height	depth
5	托亚斯	椅子	499	110	55	56
8	HENRIKSDAL亨利克	椅子	499	110	51	58

说明：drop 语句删除了 4 条记录后，前 5 条记录的索引值分别是 0、2、4、5 和 8；语句 frame.iloc[3:5]显示的是记录位置是 3 和 4 的记录，共 2 条。千万不要与索引值混淆，本例输出的两条记录的索引值分别是 5 和 8。

思考：语句 frame.iloc[:, 3:5]是否实现了连续列切片？

3. 连续区域切片

实现连续区域切片的代码如下：

```
import pandas as pd
frame = pd.read_csv('/Users/yinghliu/Desktop/magic.csv', encoding = 'gbk')
frame.iloc[1:3, :]
```

程序运行结果如下：

	name	description	prodprice	bearing weight	height	depth
1	FLINTAN 福通 / 诺米纳尔	带扶手转椅	499	110	74	69
2		伯尔杰	椅子	249	110	44	55

说明：语句 frame.iloc[1:3, :]中，","前的部分是行切片，表示索引位置是 1～3 之前的记录，共 2 条记录；","后的部分是列切片，":"前后均无值表示选择所有的列。

4．非连续区域切片

虽然读取数据并修改了索引值，但使用索引器 iloc[ ]定位与索引值无关，只与记录的位置相关。例如，行定位第 1、3 和 5 条共 3 条记录，列定位第 1、3 列：

```
import pandas as pd
frame = pd.read_csv('/Users/yinghliu/Desktop/magic.csv', encoding = 'gbk')
dates = pd.date_range('1/1/2000', periods=101)
frame.index = dates
frame.iloc[[1, 3, 5], [1, 3]]
```

程序运行结果如下：

	description	bearing weight
2000-01-02	带扶手转椅	110
2000-01-04	椅子	110
2000-01-06	椅子	110

说明：语句 frame.iloc[[1, 3, 5], [1, 3]]中，","前的部分是行切片，","后的部分是列切片，"[ ]"中只能是表示索引位置的整型数据，不能是修改的日期型索引标签。

4.1.5 使用 iat[ ]定位

索引器 iat[ ]的功能是以索引值的位置定位一个元素，与 iloc[ ]类似，特别适合仅定位一个元素的情况。

1．定位一个元素

例如，定位一个元素，代码与 iloc[ ]非常类似：

```
import pandas as pd
frame = pd.read_csv('/Users/yinghliu/Desktop/magic.csv', encoding = 'gbk')
frame.iat[3, 5]
```

程序运行结果如下：

```
58
```

2．多个定位器定位一个元素

例如，多个定位可以定位一个元素：

```
import pandas as pd
frame = pd.read_csv('/Users/yinghliu/Desktop/magic.csv', encoding = 'gbk')
frame.loc[3].iat[5]
```

程序运行结果如下：

说明：语句 frame.loc[3]根据索引值定位行，iat[5]定位列。

注意，从 Pandas 0.20.0 版本开始，禁止使用索引器 ix[ ]，建议使用更严格的索引器 iloc[ ]和 loc[ ]。在高版本的 Pandas 中使用索引器 ix[ ]会出现警告，但依旧可以运行并显示结果。详细内容参考官方网站[2]。

4.2 条件筛选和排序数据

除了使用方括号和索引器定位（访问）数据，还可以在方括号中使用条件，或使用 qyery( )、filter( )和 contains( )方法筛选数据。可以对数据按照一定的方式排序，如按索引值排序或者值排序，通过参数设定排序的方式，如升序或降序、空值的排序位置等。方法 rank( )不修改记录的前后顺序，但是增加了数据的排名列，通过参数来设置相同值的排名方式（如行排名、列排名等）。

4.2.1 条件筛选

条件表达式的运算结果只能是布尔型值 True 或 False。条件表达式使用的运算符包括算术运算符、比较运算符和布尔运算符。算术运算符主要包括加、减、乘、除和取模等。比较运算符主要包括等于、不等于、大于等于、小于等于、大于和小于等。布尔运算符包括并、或、非三种。灵活地使用包含多种运算符的条件表达式可以简化记录的筛选。

1．单条件（列值）筛选

条件中仅包含一个列值，筛选"prodprice"列大于 10000 的记录。例如：

```
import pandas as pd
frame = pd.read_csv('/Users/yinghliu/Desktop/magic.csv', encoding = 'gbk')
frame[frame.prodprice > 10000]
```

程序运行结果如下：

	name	description	prodprice	bearing weight	height	depth
54	M?RBYL?NGA 莫比恩 / 伯恩哈德	桌子和6把椅子	12793	220	100	74
78	M?RBYL?NGA 莫比恩 / 伯恩哈德	桌子和6把椅子	12793	220	100	74

说明：

① 比较表达式 frame.prodprice > 10000 返回 101 条结果，包含 True 和 False 两种值。

② 语句 frame[frame.prodprice > 10000]的含义是筛选"prodprice"列大于 10000 的记录，即对应的 frame.prodprice > 10000 是 True 的记录，符合条件的记录共 2 条。

2．不同列值比较筛选

条件表达式可以包含两个或更多的列，如显示 frame 对象"height"列比"depth"列值小

---

[2] http://pandas.pydata.org/pandas-docs/stable/indexing.html#ix-indexer-is-deprecated

的记录：

```
import pandas as pd
frame = pd.read_csv('/Users/yinghliu/Desktop/magic.csv', encoding = 'gbk')
frame[frame.height < frame.depth]
```

程序运行结果如下（结果包含 61 条记录，此处为节省版面，仅显示前 5 行）：

	name	description	prodprice	bearing weight	height	depth
0	RENBERGET 伦贝特	转椅	299	110	59	65
2	伯尔杰	椅子	249	110	44	55
3	HENRIKSDAL亨利克	椅子	999	110	51	58
5	托亚斯	椅子	499	110	55	56
6	威尔马	椅子	299	110	52	55

说明：

① 比较表达式 frame.height < frame.depth 返回 101 条结果，包含 True 和 False 两种值。

② 语句 frame[frame.height < frame.depth]的含义是筛选"height"列小于"depth"列的记录，即对应的 frame.height < frame.depth 是 True 的记录，符合条件的记录共 61 条。

方法 query( )的功能是使用布尔表达式筛选对象，格式为

```
DataFrame.query(expr, inplace = False, **kwargs)
```

参数 expr 是字符串数据，表示条件；参数 inplace 是布尔型数据，其值为 True，表示修改数据，否则返回修改后的副本。

语句 frame.query('height < depth')与语句 frame[frame.height < frame.depth]的功能是一样的，均显示 frame 对象中"height"列比"depth"列的值小的记录。

3．单条件（使用索引值判断）筛选

筛许条件只包含一个索引列，如根据索引值筛选记录：

```
import pandas as pd
frame = pd.read_csv('/Users/yinghliu/Desktop/magic.csv', encoding = 'gbk')
frame.query('index > 99')
```

程序运行结果如下：

	name	description	prodprice	bearing weight	height	depth
100	伯尔杰	椅子	249	110	44	55

说明：

① 比较表达式'index > 99'中的"index"表示默认索引值的列头。

② 语句 frame.query('index > 99')的含义是显示索引值大于 99 的记录，仅进行行切片，包含记录的所有列。

4．单条件（重定义索引列头）筛选

筛许条件只包含一个重定义的索引列。例如：

```
import pandas as pd
frame = pd.read_csv('/Users/yinghliu/Desktop/magic.csv', encoding = 'gbk')
```

```
frame.index.name = 'a'
frame.query('a > 99')
```

程序运行结果如下：

	name	description	prodprice	bearing weight	height	depth
a						
100	伯尔杰	椅子	249	110	44	55

说明：

① 语句 frame.index.name = 'a'给索引列定义了新的列名"a"。

② 语句 frame.query('a > 99')的含义是显示索引列"a"中索引值大于 99 的记录，包含记录的所有列。

5. 双条件（根据同一个列值判断）筛选

筛许条件包含同一个列值的两个判断条件。例如：

```
import pandas as pd
frame = pd.read_csv('/Users/yinghliu/Desktop/magic.csv', encoding = 'gbk')
frame.query('prodprice < 10000 & prodprice > 7000')
```

程序运行结果如下：

	name	description	prodprice	bearing weight	height	depth
32	M?CKELBY 麦肯伯 / HENRIKSDAL亨利克	桌子和6把椅子	7993	235	100	74
42	M?RBYL?NGA 莫比恩 / 雷夫尼	桌子和6把椅子	7393	220	100	74
90	M?CKELBY 麦肯伯 / IKEA PS 2012	桌子和6把椅子	7993	235	100	74
94	M?CKELBY 麦肯伯 / 诺勒利	桌子和6把椅子	7993	235	100	74

说明：

① 语句 frame.query('prodprice <10000 & prodprice >7000 ')的含义是显示"prodprice"列值小于 10000 且大于 7000 的记录，包含记录的所有列。注意，此处是行切片，仅对行记录进行筛许。

② "&"运算是布尔双运算符，表示"并"，使用布尔双运算符时必须保证运算符左右两侧各有一个布尔运算值。另一个布尔双运算符是"|"，表示"或者"。条件表达式'prodprice < 10000 & prodprice > 7000'中同时存在布尔运算符和比较运算符，则比较运算符优先计算。

思考：语句 frame.query('prodprice < 10000 | height > 100')的运行结果如何？为什么？

6. 多条件（根据多个列值判断）筛选

筛许条件包含多个不同列的多个判断条件。例如：

```
import pandas as pd
frame = pd.read_csv('/Users/yinghliu/Desktop/magic.csv', encoding = 'gbk')
frame.query(" prodprice > 8000 & (depth > 70 |  height < 200) ")
```

程序运行结果如下：

	name	description	prodprice	bearing weight	height	depth
54	M?RBYL?NGA 莫比恩 / 伯恩哈德	桌子和6把椅子	12793	220	100	74
78	M?RBYL?NGA 莫比恩 / 伯恩哈德	桌子和6把椅子	12793	220	100	74

说明：布尔双运算符"&"的运算级别高于"|"，提高运算级别的最好方法是使用"( )"，系统优先计算其中的表达式。

7．使用 filter 方法筛选列

方法 filter( )的功能是筛选对象 dataframe 的部分行或列，格式为：

```
filter(items=None, like=None, regex=None, axis=None)
```

参数 items 表示要限制的数据轴列表；参数 like 和 regex 定义数据的内容；参数 axis 定义要过滤的轴。

例如，采用列切片筛选出"height"和"depth"2 个列：

```
import pandas as pd
frame = pd.read_csv('/Users/yinghliu/Desktop/magic.csv', encoding = 'gbk')
frame.filter(items=['height', 'depth'])
```

程序运行结果如下（结果包含全部记录，共 101 条，此处为节省版面，仅显示前 5 行）：

	height	depth
0	59	65
1	74	69
2	44	55
3	51	58
4	40	38

说明：

① 参数 items 实现了列切片，仅筛选出"height"列和"depth"列。

② 参数 regex 的方法为

```
frame.filter(regex = 't$', axis = 1)
```

上述语句的功能是列切片，仅显示列值中以字符"t"结尾的列，包含全部的行记录。

运行结果如下（结果包含全部记录，共 101 条，此处为节省版面，仅显示前 5 行）。

	bearing weight	height
0	110	59
1	110	74
2	110	44
3	110	51
4	35	40

③ 参数 like 和 axis 的格式如下

```
frame.filter(like = '9', axis = 0)
```

列切片仅显示索引值包含"9"的记录，如索引值是"399""129"等的记录，运行结果如下（结果显示 19 条记录，此处为节省版面，仅显示前 5 行）。

	name	description	prodprice	bearing weight	height	depth
9	英格弗	椅子	399	100	43	52
19	约克马克	椅子	129	41	47	41
29	斯第芬	椅子	149	110	42	49
39	延宁	椅子	299	110	50	46
49	伊纳莫	椅子带扶手, 户外	249	54	68	37

7. 使用 contains( )方法筛选

方法 contains( )的功能是判断参数是否包含子字符串，如包含，则返回 True，否则返回 False。方法 contains( )也可以实现记录的筛选，如筛选"description"列中包含"椅子垫"的记录：

```
import pandas as pd
frame = pd.read_csv('/Users/yinghliu/Desktop/magic.csv', encoding = 'gbk')
frame[frame['description'].str.contains("椅子垫")]
```

程序运行结果如下：

	name	description	prodprice	bearing weight	height	depth
4	马林达	椅子垫	49	35	40	38
72	马林达	椅子垫	49	35	40	38
74	乌勒梅	椅子垫	59	35	43	37
86	马林达	椅子垫	49	35	40	38
98	马林达	椅子垫	49	35	40	38

说明：方法 contains( )中的参数还可以是正则表达式，以实现记录的模糊匹配，具体参考官网。

> **思考**：假设有记录的"description"列值分别是"圆形椅垫""方形椅子垫"和"椭圆垫子"，执行上述代码后，是否会显示这些记录？为什么？

4.2.2 排序和排名

用户容易通过排序记录发现数据的特征和规律，常见的排序方法包括值排序和索引排序两种。排名与排序类似，区别是排序修改了记录的显示顺序，也可以通过参数设置彻底修改原数据的顺序。排名不改变记录的显示顺序，只是增加了排名，显示每条记录的顺序排名。

1. 值排序

值排序 sort_values( )方法的功能是按照条件升序或降序排序，格式为：

```
sort_values(by, axis = 0, ascending = True, inplace = False, kind = 'quicksort', \
    na_position = 'last')
```

参数 by 是排序条件，如列名，表明根据此列的值进行排序。若包含多个列名，如 A 列和 B 列，表示先按照 A 列的值排序，若 A 列中包含相同的值，则按 B 列的值排序。

参数 axis 是排序的方向，默认值是 0，表示行排序；是 1，表示列排序。

参数 ascending 默认值是 True，表示升序，是 False 时，表示降序。

参数 inplace 为 True 时，表示修改原数据，否则返回数据副本。

参数 kind 的取值只能为 quicksort、mergesort 或 heapsort，默认值是 quicksort，表示排序时选用的算法。

参数 na_position 表示排序时空值的位置，默认为 last，表示空值放在记录的最后，取值是 first 时表示空值放在最前面。

单个列值排序的语句如下：

```
import pandas as pd
frame = pd.read_csv('/Users/yinghliu/Desktop/magic.csv', encoding = 'gbk')
frame.sort_values(by ='depth', inplace = True, ascending = False)
frame.head( )
```

程序运行结果如下：

	name	description	prodprice	bearing weight	height	depth
45	斯多纳 / HENRIKSDAL亨利克	桌子和6把椅子	5993	247	201	293
24	斯多纳 / HENRIKSDAL亨利克	桌子和6把椅子	5993	247	201	293
66	比约斯 / 伯尔杰	桌子和6把椅子	3493	218	175	260
79	沃夫冈	椅子	499	50	45	90
16	安迪洛	高脚椅子，带安全带	79	58	55	90

说明：值排序语句 sort_values(by = 'depth', inplace = True, ascending = False)设置按照"depth"列值排序，修改原数据，降序排列。

思考：使用 2 个列值排序的语句 frame.sort_values(by = ['depth', 'height'], inplace = True, ascending = False)的运行结果如下，为什么？

	name	description	prodprice	bearing weight	height	depth
24	斯多纳 / HENRIKSDAL亨利克	桌子和6把椅子	5993	247	201	293
45	斯多纳 / HENRIKSDAL亨利克	桌子和6把椅子	5993	247	201	293
66	比约斯 / 伯尔杰	桌子和6把椅子	3493	218	175	260
16	安迪洛	高脚椅子，带安全带	79	58	55	90
63	比约斯 / 尼斯	桌子和1把椅子	748	70	50	90

2．索引排序

索引排序 sort_values()的功能是按照索引升序或降序排序，格式为

```
sort_index( axis = 0, level = None, ascending = True, inplace = False, kind =
'quicksort', na_position = 'last', sort_remaining = True, by = None)
```

其参数功能与 sort_values( )类似。

按照索引排序的语句如下：

```
import pandas as pd
frame = pd.read_csv('/Users/yinghliu/Desktop/magic.csv', encoding = 'gbk')
frame.sort_index(axis = 1, ascending = False)
```

程序运行结果如下：

	prodprice	name	height	description	depth	bearing weight
0	299	RENBERGET 伦贝特	59	转椅	65	110
1	499	FLINTAN 福通 / 诺米纳尔	74	带扶手转椅	69	110
2	249	伯尔杰	44	椅子	55	110
3	999	HENRIKSDAL亨利克	51	椅子	58	110
4	49	马林达	40	椅子垫	38	35

说明：参数 axis = 1 表示列排序，参数 ascending = False 表示降序；"prodprice" 列的首字母是 "p"，是所有列名中最大的值，降序排列时显示在最左侧。

思考： 语句 sort_index( ) 没有任何参数，是否可以运行？为什么？若可以，结果如何？

3．无参数排名

rank()方法排名的功能是按行或列计算数值数据的等级（1～n），格式为：

```
rank(axis = 0, method = 'average', numeric_only = None, na_option = 'keep', \
    ascending = True, pct = False)
```

参数 axis 表示轴的方向，默认值是 0，表示行方向，为 1 时表示按列进行排序。

参数 method 设置排序时等值的排名办法，包含 5 种取值，分别是 average、min、max、first 和 dense，分别表示均值、最小值、最大值、首值和稠密值（与 min 类似，但组内排名总是增加 1）。

参数 numeric_only 是布尔型数据，默认为 None，只可以包含浮点型、整型和布尔型数据。

参数 na_option 取值是 keep、top 和 bottom。keep 表示把空值留在原处，如果是升序排名，top 表示空值排名最小；如果是降序排名，bottom 表示空值排名最小。

参数 pct 是布尔型数据，默认值是 False，计算数据的百分比排名。

无参数 rank( ) 方法可以实现最简单的排名。例如：

```
import pandas as pd
frame = pd.read_csv('/Users/yinghliu/Desktop/magic.csv', encoding = 'gbk')
frame = frame.tail(10)
frame["depth"].rank()
```

程序运行结果如下：

```
91     3.5
92     6.5
93     10.0
94     8.0
95     3.5
96     9.0
97     3.5
98     1.0
99     3.5
100    6.5
Name: depth, dtype: float64
```

说明：

① 语句 frame = frame.tail(10)表示将原 frame 对象的后 10 条记录赋值给 frame。执行本语句后，frame 对象只包含 10 条记录。10 条记录的数据如下。注意，"depth" 列中包含一些相同的值，如包含 4 个 "50"、2 个 "55"。

	name	description	prodprice	bearing weight	height	depth
91	雷夫尼	椅子	399	110	52	50
92	伯尔杰	椅子	249	110	44	55
93	拉科	椅子带扶手，户外	399	56	60	82
94	M?CKELBY 麦肯伯 / 诺勒利	桌子和6把椅子	7993	235	100	74
95	NORR?KER 诺鲁克	椅子	499	110	41	50
96	TUNHOLMEN 图霍曼	椅子，户外	499	55	55	78
97	伯恩哈德	椅子	1299	110	49	50
98	马林达	椅子垫	49	35	40	38
99	伯恩哈德	椅子	1299	110	49	50
100	伯尔杰	椅子	249	110	44	55

② 语句 frame["depth"].rank( )表示对"depth"列按值排名，因 rank( )方法中无任何参数，表示参数取默认值，即行升序、值相同时按均值排名。比较"depth"列值，最小值是索引值"98"所在的行，对应的"depth"值是"38"，其排名是"1.0"。

③ 其次小的值是"50"，分别是索引值"91""95""97"和"99"所在的行，共 4 个。排名应该分别是 2～5。方法中无参数，默认为均值排名，则其对应的实际排名是(2 + 3 + 4 + 5) / 4 = 3.5，即索引值"91""95""97"和"99"所在行的排名均是 3.5。

④ 再次小的值是"55"，分别是索引值"92"和"100"所在的行，共 2 个。目前有 5 个记录已经计算了排名，接下来的排名应该是 6 和 7；同理，其对应的实际排名是(6 + 7) / 2 = 6.5，即索引值"92"和"100"所在行的排名均是 6.5。

⑤ 接下来的排名是索引值"94""96"和"93"所在行的排名分别是 8.0、9.0 和 10.0。

⑥ 程序运行结果包含小数是因为重复记录的排名要经过计算，所以产生了小数。只在有相同值时才涉及排名计算，且仅有 5 种计算方法，分别是"average""min""max""first"和"dense"。

思考：如何修改重复值记录的排名计算函数？

4．复杂参数排名

通过设置 rank( )方法的参数值可以实现多参数复杂 rank 排名。例如：

```
import pandas as pd
frame = pd.read_csv('/Users/yinghliu/Desktop/magic.csv', encoding = 'gbk')
frame.loc[95:100 ,'bearing weight':'depth'].rank(axis = 0, method = 'min')
```

程序运行结果如下：

	bearing weight	height	depth
95	3.0	2.0	2.0
96	2.0	6.0	6.0
97	3.0	4.0	2.0
98	1.0	1.0	1.0
99	3.0	4.0	2.0
100	3.0	3.0	5.0

说明：

① 语句 frame.loc[95:100, 'bearing weight':'depth']的含义是筛选出索引值为 95～100，共 6 条行记录，"bearing weight""height" 和 "depth" 列，共 3 列。筛选出的数据区域如下。

	bearing weight	height	depth
95	110	41	50
96	55	55	78
97	110	49	50
98	35	40	38
99	110	49	50
100	110	44	55

② 方法 rank(axis = 0, method = 'min')的含义是设置行排名，相同的数据记录为最小排名。以 "height" 列为例，此列值的升序顺序是 40、41、44、49、49 和 55，此列对应的排名是 "2.0""6.0""4.0""1.0""4.0" 和 "3.0"。注意两个相同值 "49"，以最小排名为准。因为设置了计算函数，所以显示结果包含小数。

思考：语句 frame.loc[95:100, 'bearing weight':'depth'].rank(axis = 1, method = 'min')是否可以执行？若可以执行，效果如何？若不可以执行，说明原因？

4.3　数据的描述性分析

描述性分析是数据分析的第一个步骤，是对数据资料的初步整理和归纳，借助各种方法计算统计量，如 describe( )、mean( )、median( )和 mode( )等方法。尝试找出数据的内在规律，如集中趋势、分散趋势等。数据的集中趋势可以使用众数、中位数描述，数据的离散趋势可以使用最大值、最小值、极差、四分位差、方差和标准差等描述。

4.3.1　describe( )方法

方法 describe( )的功能是生成描述性统计数据，汇总数据分布的集中趋势，离散和形状（不包括空值），格式为

```
describe( percentiles = None, include = None, exclude = None)
```

参数 percentiles 是可选参数，是类似列表的数字，设置包括在输出中的百分数，介于 0 和 1 之间。其默认值是[.25, .5, .75]，表示返回第 25、50 和 75 百分数。

参数 include 是可选参数，参数值可以是 numpy.number、numpy.object、All 和 None。All 表示输入的所有列都将包含在输出中。None 表示结果仅包括所有数字列。numpy.number 表示将结果限制为数字类型。numpy.object 表示将结果限制为对象列。字符串也可以使用 select_dtypes 的样式，如 df.describe(include = ['O'])。

参数 exclude 是可选参数，包含 None（默认值）和类似数据类型的列表，设置结果省略的黑名单数据。

1. 无参数的 describe( )方法

无参数的 describe( )方法相当于参数 percentiles、include 和 exclude 的默认值均是 None。例如：

```
import pandas as pd
frame = pd.read_csv('/Users/yinghliu/Desktop/magic.csv', encoding = 'gbk')
frame = frame.loc[96:100 ,'description':'depth']
frame.describe( )
```

程序运行结果如下：

	prodprice	bearing weight	height	depth
count	5.000000	5.000000	5.000000	5.000000
mean	679.000000	84.000000	47.400000	54.200000
std	588.005102	36.297383	5.683309	14.703741
min	49.000000	35.000000	40.000000	38.000000
25%	249.000000	55.000000	44.000000	50.000000
50%	499.000000	110.000000	49.000000	50.000000
75%	1299.000000	110.000000	49.000000	55.000000
max	1299.000000	110.000000	55.000000	78.000000

说明：

① 语句 frame.loc[96:100 ,'description':'depth']的筛选结果如下，共 5 条记录、5 个列。

	description	prodprice	bearing weight	height	depth
96	椅子，户外	499	55	55	78
97	椅子	1299	110	49	50
98	椅子垫	49	35	40	38
99	椅子	1299	110	49	50
100	椅子	249	110	44	55

② 语句 frame.describe( )的执行结果包含 8 行、4 列，因为 "description" 列是字符串，所以参数 include 的默认值 None 表示结果仅包括所有数字列。相关说明如下：

❖ count 返回非空值的数量，本例是 5 个。

❖ mean 返回平均值，以 "depth" 列为例，结果是(78 + 50 + 38 + 50 + 55)/5 = 54.2。

❖ std 返回标准差，反映数据的分布程度。

❖ min 返回最小值。以 "depth" 列为例，其最小值是 38。

❖ 25%为下四分位，返回最小值等于该样本中所有数值由小到大排列后第 25%的数字。以 "depth" 列为例，25%（下四分位）是 50。

❖ 50%为中位数，是把所有观察值升序排序后找出正中间的值作为中位数。如果观察值有偶数个，通常取最中间的两个数值的平均数作为中位数。以 "depth" 列为例，50%（中位数）是 50。

❖ 75%为上四分位，返回最小值等于该样本中所有数值由小到大排列后第 75%的数字。

以"depth"列为例，75%（上四分位）是 55。

❖ max 是返回最大值。以"depth"列为例，最大值是 78。

2. 有参数的 describe( )方法

统计对象（离散型变量）的语句如下：

```
import pandas as pd
frame = pd.read_csv('/Users/yinghliu/Desktop/magic.csv', encoding = 'gbk')
frame = frame.loc[96:100, 'description':'depth']
frame.describe(include = [object])
```

程序运行结果如下：

	description
count	5
unique	3
top	椅子
freq	3

说明：参数 include = [object]的含义是将结果限制为对象列，因为仅有"description"列是对象列，所以输出结果仅有 1 列。"count = 5"表示有 5 条记录；"unique = 3"表示不同的值有 3 种，即"椅子，户外""椅子"和"椅子垫"；"top = 椅子"表示"description"列中出现次数最多的是"椅子"，"freq = 3"表示"椅子"出现的次数最多，共 3 次。

4.3.2 众数、均值和中位数

众数使用方法 mode( )计算，用于位置测量、统计分布上具有明显集中趋势点的数值，就是返回数据区域中出现频率最多的数值。其格式为

```
mode(axis = 0, numeric_only = False)
```

参数说明见 mean( )方法。

例如：

```
import pandas as pd
frame = pd.read_csv('/Users/yinghliu/Desktop/magic.csv', encoding = 'gbk')
frame=frame.loc[91:100, 'description':'depth']
frame.mode( )
```

程序运行结果如下：

	description	prodprice	bearing weight	height	depth
0	椅子	249	110.0	44.0	50.0
1	NaN	399	NaN	49.0	NaN
2	NaN	499	NaN	NaN	NaN
3	NaN	1299	NaN	NaN	NaN

说明：

① 语句 frame = frame.loc[91:100, 'description':'depth']执行后，对象 frame 包含 10 条记录，数据如下。

	description	prodprice	bearing weight	height	depth
91	椅子	399	110	52	50
92	椅子	249	110	44	55
93	椅子带扶手，户外	399	56	60	82
94	桌子和6把椅子	7993	235	100	74
95	椅子	499	110	41	50
96	椅子，户外	499	55	55	78
97	椅子	1299	110	49	50
98	椅子垫	49	35	40	38
99	椅子	1299	110	49	50
100	椅子	249	110	44	55

② 以"description"列为例，只有"椅子"出现了 6 次，其他值均是唯一的（unique），无相同值。所以，结果的第一列仅有一个值，其他值为空。

③ "prodprice"列有相同值的情况比较多，如 249、399、499 和 1299 都不是唯一值，所以有 4 行显示在结果中。

④ "bearing weight"和"depth"列的情况与"description"列类似。

⑤ "height"列包含 2 个相同值的情况，分别是 44 和 49。

方法 mean( )的功能是返回行轴或列轴的平均值，格式为：

```
mean(axis = None, skipna = None, level = None, numeric_only = None, **kwargs)
```

参数 axis 是 0，表示行轴，是 1 则表示列轴。

参数 skipna 是布尔值，默认值是 None，表示计算结果除去空值。

参数 level 默认值是 None，如果轴是多个索引（分层），则沿特定级别计数，折叠成系列。

参数 numeric_only 是布尔值，默认值是 None，表示只使用数字数据；如果是 True，则只包括浮点型、整型、布尔型数据。

方法 median( )的功能是返回行轴或列轴的中位数，就是把所有观察值升序排序后找出正中间的一个。其格式为：

```
median(axis = None, skipna = None, level = None, numeric_only = None, **kwargs)
```

参数说明见 mean( )方法。

思考：编写代码，尝试使用 mean( )和 median( )方法。

4.3.3　数据重塑

数据重塑（reshape）是为了进一步分析而转换表格或者向量的结构。常见的重塑包括 pivot( )方法、pivot_table( )方法、melt( )方法、stack( )方法和 unstack( )方法。

1. pivot( )方法

方法 pivot( )的功能是返回一个由给定的索引和列值重塑的数据结构，格式为：

```
pivot(index = None, columns = None, values = None)
```

参数 index 是可选字段，数据类型是字符串或对象，用于生成新的索引，即行头，如果没有此参数，则使用现有索引。

参数 columns 的数据类型可以是字符串或对象，用于创建新结构的列，即列头。

参数 values 是可选字段，数据类型可以是字符串、对象或列表，用于填充新结构的值。

例如，pivot 透视表的生成如下：

```python
import pandas as pd
frame = pd.read_csv('/Users/yinghliu/Desktop/magic.csv', encoding = 'gbk')
frame = frame[0:7][['description', 'name', 'prodprice']]
frame.pivot(index = 'description', columns = 'name', values = 'prodprice')
```

程序运行结果如下：

name	FLINTAN 福通／诺米纳尔	HENRIKSDAL亨利克	RENBERGET 伦贝特	伯尔杰	威尔马	托亚斯	马林达
description							
带扶手转椅	499.0	NaN	NaN	NaN	NaN	NaN	NaN
椅子	NaN	999.0	NaN	249.0	299.0	499.0	NaN
椅子垫	NaN	NaN	NaN	NaN	NaN	NaN	49.0
转椅	NaN	NaN	299.0	NaN	NaN	NaN	NaN

说明：

① 前 2 行代码执行后，文件 magic.csv 的内容被读取到对象 frame。

② 第 3 条语句的含义是筛选对象 frame 索引值是 0～6 的数据，每条记录仅包含"description""name"和"prodprice"列。然后将筛选的区域数据赋值给 frame 对象。执行该语句后，frame 对象包含的数据如下（注意：7 行记录中无重复记录）。

	description	name	prodprice
0	转椅	RENBERGET 伦贝特	299
1	带扶手转椅	FLINTAN 福通／诺米纳尔	499
2	椅子	伯尔杰	249
3	椅子	HENRIKSDAL亨利克	999
4	椅子垫	马林达	49
5	椅子	托亚斯	499
6	椅子	威尔马	299

③ 语句 frame.pivot(index='description', columns='name', values='prodprice')的含义是将 frame 对象的数据重塑，新结构依旧是二维表，行头是"description"，分类汇总后共 4 行，列头来自原来 frame 对象的"name"列，值来自"prodprice"列。

④ 重塑后的二维表是 4 行 7 列。原来的 frame 对象包含 7 行数据，即包含 7 个"prodprice"列值，重塑后成为二维表的值，其他值均为"NaN"空值。

思考：修改语句 frame[0:7][['description', 'name', 'prodprice']]为 frame[0:9][['description', 'name', 'prodprice']]，程序是否可以执行？如果不可以，说明原因并尝试给出解决方案。

2．pivot_table( )方法

方法 pivot( )不能汇总有重复条目的数据，这就需要使用方法 pivot_table( )，其功能与 pivot( )类似，但可以汇总重复条目的数据。其格式为：

```
pivot_table(values = None, index = None, columns = None, aggfunc = 'mean', fill_value
= None, margins = False, dropna = True, margins_name = 'All')
```

参数 values、index 和 columns 与方法 pivot( )的相应参数功能类似。

参数 aggfunc 表示计算函数，默认求均值。

参数 fill_value 用来设置缺失值的值，默认是 None。

参数 margins 默认值是 False，表示添加所有行/列（如小计、总计）。

参数 dropna 默认值是 True，表示不包括条目全部为空值的列。

参数 margins_name 默认值是 All，当其值为 True 时，表示包含总计的行/列的名称。

例如，pivot_table( )方法的应用如下：

```
import pandas as pd
frame = pd.read_csv('/Users/yinghliu/Desktop/magic.csv', encoding = 'gbk')
frame = frame[0:14][['description', 'bearing weight', 'prodprice']]
frame.pivot_table(index = 'description', columns = 'bearing weight', values = 'prodprice')
```

程序运行结果如下：

bearing weight	35	45	58	100	110
description					
带扶手转椅	NaN	NaN	NaN	NaN	499.00
椅子	NaN	129.0	199.0	399.0	387.75
椅子垫	49.0	NaN	NaN	NaN	NaN
转椅	NaN	NaN	NaN	NaN	299.00

说明：

① 语句 "frame = frame[0:14][['description', 'bearing weight', 'prodprice']]" 执行后，对象 frame 包含 14 行数据，每行数据包含 "description" "bearing weight" 和 "prodprice" 3 列。数据如下。

	description	bearing weight	prodprice
0	转椅	110	299
1	带扶手转椅	110	499
2	椅子	110	249
3	椅子	110	999
4	椅子垫	35	49
5	椅子	110	499
6	椅子	110	299
7	椅子	110	299

8	椅子	110	499
9	椅子	100	399
10	椅子	110	199
11	椅子	110	59
12	椅子	58	199
13	椅子	45	129

② 数据包含多条重复数据，如索引值为 2、3、5 到 8、10、11 的记录共 8 条，记录的"description"和"prodprice"列的值完全相同。

③ 语句"frame.pivot_table(index ='description', columns ='bearing weight', values ='prodprice')"定义重塑后，数据的行头来自"description"列，而列头来自"bearing weight"列，值来自"prodprice"列。

④ 默认情况下，如果有多条重复条目的数据，则其值是该列的均值。本例中，"椅子"和"110"的对应值是 $(249 + 999 + 499 + 299 + 299 + 499 + 199 + 59)/8 = 387.75$。

3．复杂 pivot_table( )方法

可以设置 pivot_table 透视表的多个参数实现数据的详细分析，如设置索引为两列，对重复的数据采用某种或多种计算。例如：

```
import pandas as pd
frame = pd.read_csv('/Users/yinghliu/Desktop/magic.csv', encoding = 'gbk')
frame = frame[0:14][['description', 'prodprice', 'bearing weight', 'height']]
frame.pivot_table(index =['description', 'prodprice'], columns ='bearing weight', \
    values = 'height', aggfunc = sum)
```

程序运行结果如下：

description	prodprice	bearing weight 35	45	58	100	110
带扶手转椅	499	NaN	NaN	NaN	NaN	74.0
椅子	59	NaN	NaN	NaN	NaN	39.0
	129	NaN	50.0	NaN	NaN	NaN
	199	NaN	NaN	56.0	NaN	42.0
	249	NaN	NaN	NaN	NaN	44.0
	299	NaN	NaN	NaN	NaN	94.0
	999	NaN	NaN	NaN	NaN	51.0
椅子垫	49	40.0	NaN	NaN	NaN	NaN
转椅	299	NaN	NaN	NaN	NaN	59.0

说明：

① 第 3 条语句执行后筛选索引为 0～13 的记录共 14 行，每条记录包含"description""prodprice""bearing weight"和"height"共 4 列，数据如下。

	description	prodprice	bearing weight	height
0	转椅	299	110	59

1	带扶手转椅	499	110	74
2	椅子	249	110	44
3	椅子	999	110	51
4	椅子垫	49	35	40
5	椅子	499	110	55
6	椅子	299	110	52
7	椅子	299	110	42
8	椅子	499	110	51
9	椅子	399	100	43
10	椅子	199	110	42
11	椅子	59	110	39
12	椅子	199	58	56
13	椅子	129	45	50

② 虽然 14 条记录中并不包含完全重复记录（所有的列值完全一致），但存在部分记录多个列值相同的情况，在使用 pivot_table( )方法时，若设置参数 colums 是这种有重复的列，则将对重复记录进行计算。

③ 第 4 条语句设置索引是"description"和"prodprice"两列，对重复的记录使用求和函数计算。"description"列是"椅子"、"prodprice"列是"299"且"bearing weight"列是"110"的记录包含 2 条，原索引是 6 和 7，对应的"height"列值分别是 52 和 42，进行求和计算的结果是 94。

④ "description"列是"椅子"且"prodprice"列是"499"，"bearing weight"列是"110"的记录包含 2 条，原索引是 5 和 8，对应的 height 列值分别是 55 和 51，进行求和计算的结果是 106。

思考：分析下列代码并解释运行结果。

```
import pandas as pd
frame = pd.read_csv('/Users/yinghliu/Desktop/magic.csv', encoding = 'gbk')
frame=frame[0:14][['description', 'prodprice', 'bearing weight','height']]
frame.pivot_table(index=['description', 'prodprice'], values=['height'], \
    aggfunc={'height': [min, max]})
```

4．melt( )方法

方法 melt( )的功能是将列名转变为变量，格式为：

```
pandas.melt(id_vars = None, value_vars = None, var_name = None, value_name = 'value',\
    col_level = None)
```

参数 id_vars 表示不需要被转换的列名。

参数 value_vars 表示需要转换的列名。

参数 var_name 和 value_name 自定义设置对应的列名。

参数 col_level 表示如果列是 MultiIndex，则使用此级别。

例如，melt( )方法的应用如下：

```
import pandas as pd
frame = pd.read_csv('/Users/yinghliu/Desktop/magic.csv', encoding = 'gbk')
frame = frame[0:4][['name', 'description', 'prodprice', 'height', 'depth']]
frame.melt(['name', 'description', 'prodprice'], var_name = 'quantity')
```

程序运行结果如下：

	name	description	prodprice	quantity	value
0	RENBERGET 伦贝特	转椅	299	height	59
1	FLINTAN 福通 / 诺米纳尔	带扶手转椅	499	height	74
2	伯尔杰	椅子	249	height	44
3	HENRIKSDAL 亨利克	椅子	999	height	51
4	RENBERGET 伦贝特	转椅	299	depth	65
5	FLINTAN 福通 / 诺米纳尔	带扶手转椅	499	depth	69
6	伯尔杰	椅子	249	depth	55
7	HENRIKSDAL 亨利克	椅子	999	depth	58

说明：

① 第 3 条语句区域切片出来的数据如下，包含 4 条记录，共 5 列。

	name	description	prodprice	height	depth
0	RENBERGET 伦贝特	转椅	299	59	65
1	FLINTAN 福通 / 诺米纳尔	带扶手转椅	499	74	69
2	伯尔杰	椅子	249	44	55
3	HENRIKSDAL 亨利克	椅子	999	51	58

② 方法 melt(['name', 'description', 'prodprice'], var_name = 'quantity')用于设置 "name" "description" 和 "prodprice" 列为保留列，没有出现参数 value_vars，表示其余列（"height" 和 "depth"）均是需要转换的列名，则结果共计 4＋4＝8 行。参数 var_name 设置新的列名是 "quantity"。

方法 stack( )的功能是将数据集的列旋转为行，方法 unstack( )的正好相反，表示将数据的行旋转为列。方法 stack( )使得数据集变得更长，方法 unstack( )使得数据集变得更宽。

5．stack( )方法

方法 stack( )的格式为：

```
stack(level = -1, dropna = True)
```

参数 level 的默认设是-1，可以是整型、字符串和 list 数据类型，表示从列轴到索引轴堆叠的级别。

参数 dropna 默认是 True，布尔型数据，表示是否在缺失值的结果框架/系列中删除行。

例如，stack()方法的应用如下：

```
import pandas as pd
frame = pd.read_csv('/Users/yinghliu/Desktop/magic.csv', encoding = 'gbk')
frame = frame[0:2][['name', 'description', 'prodprice']]
frame.stack( )
```

程序运行结果如下：

```
0  name          RENBERGET 伦贝特
   description            转椅
   prodprice              299
1  name          FLINTAN 福通／诺米纳尔
   description          带扶手转椅
   prodprice              499
dtype: object
```

说明：

① 第 3 行代码执行后 frame 对象的数据如下。

	name	description	prodprice
0	RENBERGET 伦贝特	转椅	299
1	FLINTAN 福通／诺米纳尔	带扶手转椅	499

② 语句 frame.stack( )将数据集的列旋转为行，旋转后共 6 行。

③ 若将语句 frame.stack( )修改为 frame.stack( ).unstack( )，则显示为原始的 frame 对象数据，包含 2 行记录。

6. stack()方法综合应用

一个元素中只能包含一个值，若包含多个值，则无法对其进一步分析，本例通过 stack 等方法的综合运用，解决这种问题。例如：

```
import pandas as pd
frame = pd.read_csv('/Users/yinghliu/Desktop/course.csv', encoding = 'gbk')
new=frame.Hours.str.split('/', expand = True).stack().reset_index(level = 1, \
    drop = True).rename('Hour')
frame.join(new)
```

程序运行结果如下：

	Name	Hours	Hour
0	Data News	32(optional)/48(required)	32(optional)
0	Data News	32(optional)/48(required)	48(required)
1	Digital Media Primer	48(optional)/64(required)	48(optional)
1	Digital Media Primer	48(optional)/64(required)	64(required)

说明：

① 读取 course.csv 数据文件后，对象 frame 的数据如下，仅包含 2 条记录，但是"Hours"列中使用分隔符"/"包含了多个值。

	Name	Hours
0	Data News	32(optional)/48(required)
1	Digital Media Primer	48(optional)/64(required)

② 方法 split('/', expand = True)的功能是将字符串以"/"作为拆分字符。如第 1 条记录的

"32(optional)/48(required)" 被拆分为 "32(optional)" 和 "48(required)"。参数 expand 为 True，表示返回 DataFrame 扩展维度。运行结果如下。

	0	1
0	32(optional)	48(required)
1	48(optional)	64(required)

③ 方法 split('/', expand = True).stack( )的功能是将数据集的列旋转为行。运行结果如下。注意，这是一个具有多级索引的数据集。

```
0  0   32(optional)
   1   48(required)
1  0   48(optional)
   1   64(required)
dtype: object
```

④ 方法 reset_index(level = 1, drop = True)用于重置索引，将旧索引添加为一个新列，并使用新的顺序索引。参数 level 表示仅从索引中删除给定的级别，默认删除所有级别。参数 drop 设置为 True，则不将旧索引添加为一个新列。运行结果如下。

```
0   32(optional)
0   48(required)
1   48(optional)
1   64(required)
dtype: object
```

⑤ 方法 rename('Hour')修改了列名。运行结果就是对象 new 包含的数据如下。注意，Name 值发生了变化。

```
0   32(optional)
0   48(required)
1   48(optional)
1   64(required)
Name: Hour, dtype: object
```

⑥ 语句 frame.join(new)实现了两个数据集的连接，即说明①显示的 frame 数据集和说明⑤显示的 new 数据集的连接。默认情况是左连接，连接后包含 4 条记录。

4.3.4　相关性计算

方法 corr( )的功能是计算数据集中各列的相关性，不包括 NaN/Null 值，格式为：

```
corr(method = 'pearson', min_periods = 1)
```

参数 method 设置相关性的计算方法，取值只能是 pearson、kendall 或 spearman。其中，pearson 表示标准相关系数，kendall 表示 Kendall Tau 相关系数，spearman 表示斯皮尔曼等级相关。

参数 min_periods 是可选的整型数据参数，设置每对比较列所需的最小观察数，以获得有效结果。

例如，使用 corr( )方法计算 magic.csv 文件中数字型列之间的相关性：

```
import pandas as pd
frame = pd.read_csv('/Users/yinghliu/Desktop/magic.csv', encoding = 'gbk')
frame[['prodprice', 'bearing weight', 'height', 'depth']].corr( )
```

程序运行结果如下：

	prodprice	bearing weight	height	depth
prodprice	1.000000	0.787506	0.682635	0.419300
bearing weight	0.787506	1.000000	0.702220	0.568765
height	0.682635	0.702220	1.000000	0.890576
depth	0.419300	0.568765	0.890576	1.000000

说明：

① 语句 frame[['prodprice', 'bearing weight', 'height', 'depth']]的含义是列切片，筛选出 4 个数字型列。

② 方法 corr( )没有参数，默认为计算 pearson 相关系数。相关系数的绝对值越大，相关性越强，即相关系数越接近于 1 或-1；相关系数越接近于 0，相关度越弱。从结果看出，"height"和"depth"两个列的相关度是 0.890576，是 4 个列中相关度最强的两个列。注意，必须先确认"height"和"depth"是线性相关，再计算相关系数才是有意义的，而且即使两个列相关度高，也不代表两列之间一定存在因果关系。

小　结

本章介绍了数据分析的相关知识，包括数据定位、条件筛选、排序和数据描述性分析。正确的定位数据、读取数据和写入文件是数据分析的基础，数据定位主要包括方括号[ ]定位、loc[ ]定位、iloc[ ]定位和 iat[ ]定位 4 种方法。描述性分析主要包括 describe( )、mean( )、median( )和 mode( )等方法，可以让用户快速找出数据的内在规律。

建议读者根据个人的基础和兴趣，选学 Numpy 扩展程序库进行线性代数计算、计算特征值和特征向量等。

习　题　4

1．为什么要做数据分析？
2．分析 iloc[ ]和 loc[ ]定位的区别。
3．分析排名与排序的异同。
4．方法 describe( )的功能是什么？方法包括哪些常见参数？
5．数据重塑包括哪些方法？

第 5 章　可视化基础和原则

当前数据获取的成本在逐步降低，制作数据可视化的软件种类繁多，数据格式趋于统一（可机读格式 CSV 替代了 PDF、HTML 和 XLS 等），数据可视化在近几年得到了跳跃式发展。

经过了数据分析，我们已经对数据有了整体的了解，为什么还需要可视化？

首先，用户对图表和图片的可视化效果更为敏感。相对枯燥的文字和数字，大部分用户更喜欢可视化作品。"一图胜千言"特别适合说明当前"碎片化"时代的浏览方式，一幅好的可视化作品更容易让用户接受和理解。

其次，可视化作品的理解门槛要低于数据。大量数据的读取需要一定的技术，如需要格式转换、单位统一等。理解数据还可能需要一定的背景知识，如理解空气质量指数（AQI）和 PM2.5 并不是一件特别容易的事情，但经过数据清洗、数据处理后的可视化图表、图形甚至视频就相对容易被理解。

再次，可视化作品的理解效率高于数据。研究表明，大脑处理视觉内容的速度比文字内容快 6 万倍。在当前的"互联网+视觉营销"时代，90%的数据通过视觉形式传到大脑。因此为了快速理解，使用可视化作品是明智的选择。

最后，数据分析可能存在陷阱。数据分析是把有用的数据（知识）从大量杂乱无章的数据中萃取和提炼出来，帮助人们正确地、多角度地认识世界。数据分析可以最大化开发数据的功能，发挥数据的作用。但是，由于用户的知识背景和分析经验的差异，不同的用户对同一个数据集的分析结果可能存在较大差异，有些用户可能跌入数据分析的陷阱。所以，数据可视化显得尤为重要，仅有数据分析是远远不够的。最著名的数据分析陷阱案例是 Anscombe's quartet[1]（安斯库姆四重奏）。根据常见的统计方法，是很难看出"安斯库姆四重奏"的数据是否存在规律，也很难发现四组数据的差异，但根据可视化效果，"一眼"即可发现四组数据的不同规律（见表 5.1）。

表 5.1　安斯库姆四重奏的数据

第一组	x	4	5	6	7	8	9	10	11	12	13	14
	y	4.26	5.68	7.24	4.82	6.95	8.81	8.04	8.33	10.84	7.58	9.96
第二组	x	4	5	6	7	8	9	10	11	12	13	14
	y	3.1	4.74	6.13	7.26	8.14	8.77	9.14	9.26	9.13	8.74	8.1
第三组	x	4	5	6	7	8	9	10	11	12	13	14
	y	5.39	5.73	6.08	6.42	6.77	7.11	7.46	7.81	8.15	12.74	8.84
第四组	x	8	8	8	8	8	8	8	8	8	8	19
	y	5.25	5.56	5.76	6.58	6.89	7.04	7.71	7.91	8.47	8.84	12.5

[1]　https://www.wikiwand.com/en/Anscombe's_quartet

"安斯库姆四重奏"包含 4 组数据，每组数据分别包含 11 个 x 变量值和 11 个 y 变量值。对这 4 组数据进行常规数据分析，发现每组变量 x 的均值都是 9，变量 y 的均值都是 7.5，变量 x 的求和都是 99，变量 y 的求和都是 82.5，变量 x 的方差都是 11，变量 y 的方差是 4.122 或 4.127，亦非常接近，变量 x 和变量 y 的相关性分析都是 0.816。或者说，通过数据分析可以认为这 4 组数据非常相似，但这 4 组数据真的相似吗？使用散点图呈现的数据可视化效果见图 5.1、图 5.2、图 5.3 和图 5.4。

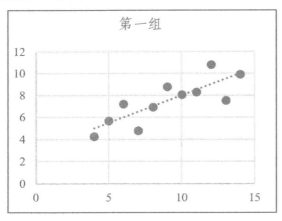

图 5.1　安斯库姆四重奏图表 1

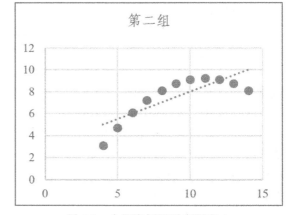

图 5.2　安斯库姆四重奏图表 2

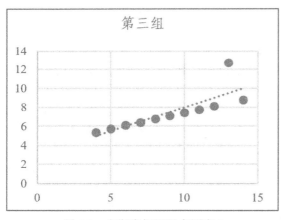

图 5.3　安斯库姆四重奏图表 3

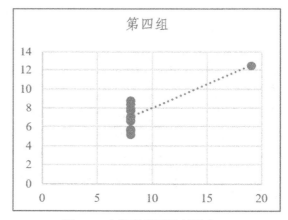

图 5.4　安斯库姆四重奏图表 4

第 1 组数据的散点图呈现线性回归的效果，第 2 组数据是非线性的曲线效果，第 3 组是另一种线性回归，存在明显的离群点，第 4 组也是另一种线性回归，但数据离群点更加明显。

综上所述，可视化是呈现数据的方式，是多种技术的有机整合。可视化不仅是数据的展示，还是采用合适的图表和图形等多种可视化方式呈现出来的一些更重要的现象或规律，让用户"一眼"即可理解数据表达的含义，快速发现数据间的关系，衡量数据的主次，预测数据趋势等。

另外，数据到图形的映射一般需要较好的美学和编程基础，如 Vega 的交互图形语法完全基于 JSON，或者如 ggplot、ECharts 的 visualMap 组件都涉及颜色类、形状类、位置类和特殊类数据到图形的映射，但都需要用户了解具体参数，通过编写代码才能真正理解数据到图形的映射原则，所以本书没有涉及这部分内容。

5.1 图表

图表是数据可视化的灵魂，是数据可视化过程中最经常使用的一种直观且形象的"可视化"方法。图表可以直观地呈现统计数据，如大小、数量、比例等，形象地展示数据之间的关系，如线性回归。合理地使用图表让用户更直观地理解数据间的关系，比用数据和文字描述更清晰、更易懂，还可以通过图表的趋势线对数据做出合理的判断和预测。

图表呈现的内容多种多样，一般分为六大部分，包括成分、排序、时间序列、频率分布、相关性和多重数据比较。

成分用于说明图表的构成，用于表示整体中各部分之间的关系。例如，通过每个子公司的销售额（比例）展现公司的总销售额。

排序用于对需要比较的项目进行从小到大升序排序，或从大到小降序排序。排序适合发现项目中的最大值和最小值以及项目间的差值。例如，按销售额排序发现销售额最高的月份。

时间序列用于按照时间的顺序展示项目的发展趋势，发现项目与时间的关系，如一年中每天汽车销售量的变化。

频率分布用于表示各项目间出现次数的比较，如统计公司各工资等级的人数分布。

相关性用于衡量不同种类中各项目间的关系，如观察男性与女性在不同年龄段做家务的时间是否遵循一定的规律。

多重数据比较是指对超过两种数据类型的数据进行分析和比较。

5.1.1 图表的种类

图表种类繁多，可以根据需要组合使用。经常使用的图表类型主要包括柱形图、折线图、饼图、条形图、散点图、雷达图、面积图等，在对特殊数据可视化时，也经常使用漏斗图、仪表盘、数据地图、词云图和瀑布图等。

柱形图，也称为柱状图或直方图，是一种以垂直长方形的长度为变量的统计图表，适合比较时间序列的数据大小或频度差异，一般适合两个或以上的数值，见图 5.5 和图 5.6。

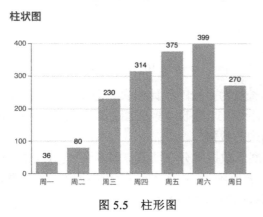

图 5.5　柱形图

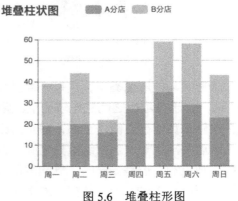

图 5.6　堆叠柱形图

堆叠柱形图是一种特殊的柱形图，普通柱形图的柱形是并行排列的，而堆叠柱状图显示的是分类叠加后的效果。图 5.6 显示的柱形"周一"包含 A 分店和 B 分店的销售量，这种显示方法既可以展示每天的汽车销售总量，还可以查看两个分店各自的销售量，方便用户观察部分与整体的关系。建议每个柱形最好包含 2～3 个子类别，若超过 4 个，数据的阅读和理解会变得困难。

柱形图可以包含负数，但堆叠柱形图涉及加操作，不建议使用负数和零值。

折线图适合反映数据的变化趋势，如比较时间序列的数据大小，通过线条的上升或下降表示连续数据随时间的变化效果，见图 5.7。有时也会将折线变成光滑的曲线来连接各数据点，称为曲线图，见图 5.8。因为数据的连贯性，曲线图更适合分析任意两点间的数据趋势。

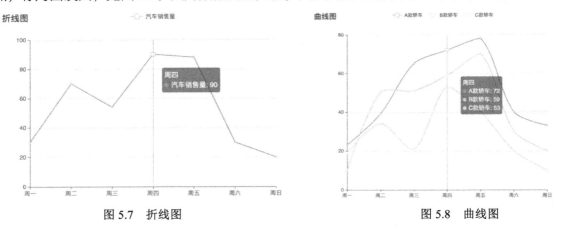

图 5.7　折线图　　　　　　　　　　　　　　图 5.8　曲线图

饼图是一种以圆心角的度数来表达数值大小的统计图表，适合比较数据间的比例关系，饼图中各项的总和为 100%。图 5.9 是基本饼图，图 5.10 是饼图中一种非常漂亮的南丁格尔玫瑰图。

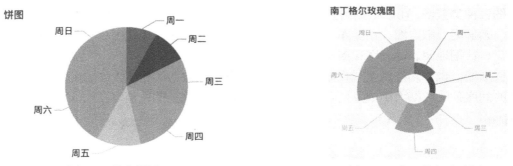

图 5.9　基本饼图　　　　　　　　　　　　图 5.10　南丁格尔玫瑰图

条形图与柱形图类似，也是一种以长方形的长度为变量的统计图表，但长方形平行于 X 轴，适合显示各项目之间的比较情况或频度差异。图 5.11 是基本条形图，图 5.12 是正负条形图，左侧是负值，右侧是正值，适合对比左右两边的数值。

散点图常用于显示两组数据之间的相关性，展示数据的分布情况。图 5.13 是散点图，图中所有圆点的大小是一样的。气泡图是散点图的升级版，可用于展示三组数据之间的关系，一组数据作为 X 轴，一组数据作为 Y 轴，第三组数据表示气泡的大小。图 5.14 是气泡图，圆点的大小代表除 X 轴和 Y 轴的第三组数据。

雷达图，也称为蜘蛛网图，适合显示三个或更多维度的数据，既可以观察数据的整体，也可以对比各类别的数据，见图 5.15。

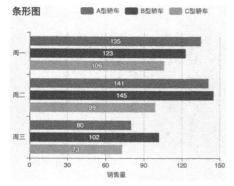

图 5.11 基本条形图

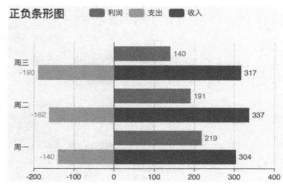

图 5.12 正负条形图

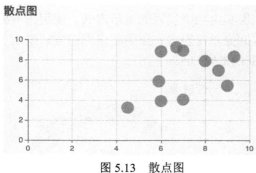

图 5.13 散点图

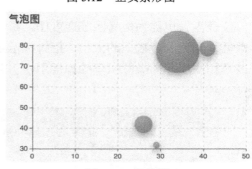

图 5.14 气泡图

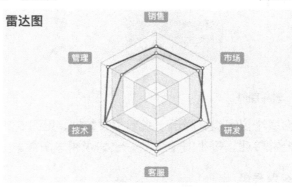

图 5.15 雷达图

面积图，也称为区域图，与折线图类似，都适合反映数据的变化趋势。二者的区别是面积图在折线与水平轴之间使用颜色或者纹理填充，形成一个数据区域。由于面积图包含大块的颜色或纹理，比折线图更容易引起用户的注意，见图 5.16。

柱形图、折线图、饼图、条形图、散点图、雷达图、面积图等属于基本图表，很多工具和软件都可以制作完成，如 Excel、WPS 表格等办公软件，SPSS 和 Tableau 等数据分析和可视化软件，Python 和 R 等编程工具，ECharts、Amcharts 和 Highcharts 等在线纯 JavaScript 图表库工具等。漏斗图、仪表盘、数据地图、词云图和瀑布图等属于较为复杂的图表，往往需要一些特殊的软件或工具制作完成。

漏斗图，也称为倒三角图，与饼图类似，漏斗图适合呈现各数据占总数的比例，没有 X 轴和 Y 轴。漏斗图一般以倒三角的形式呈现数据，从高占比的数据到低占比的数据自上而下倒序排列，所有占比的总和是 100%，见图 5.17（ECharts 制作）。

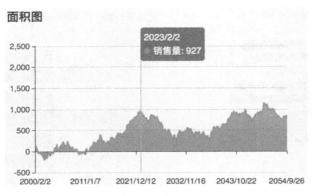

图 5.16　面积图

仪表盘，也称为拨号图或速度图，是一种模拟现实生活中仪表的展示方式，使用刻度标示数据，颜色区分数据的大小，指针指示当前的数据值。仪表盘一般用于呈现速度、温度、完成率和使用率（类似汽车油箱指示表）等，见图 5.18（Echarts 制作）。

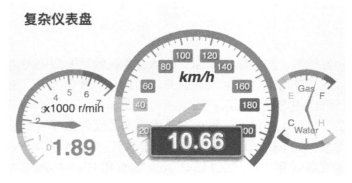

图 5.17　漏斗图[2]　　　　　　　　　　　　　　　　　图 5.18　仪表盘

复杂仪表盘一般包含多个仪表盘，展示一系列相关数据，见图 5.19（ECharts 制作）显示与汽车相关的发动机每分钟转速、每小时千米数、燃油表和水温等。

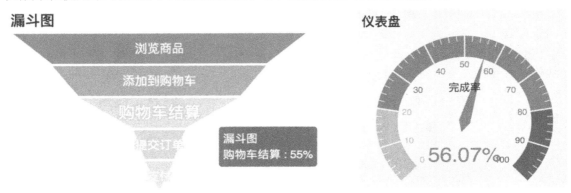

图 5.19　复杂仪表盘

数据地图适合展示与地理位置相关的数据，如 GDP、人口等。数据地图包含普通地图（也称为点图）和热力地图两种，二者的区别是通过点的大小或颜色区分数据的大小，一般来说，

---

[2]　使用工具 http://echarts.baidu.com/制作。

数值越大点越大，数值越大颜色越深。图 5.20[3]使用热力地图显示了地域与利润率的关系。

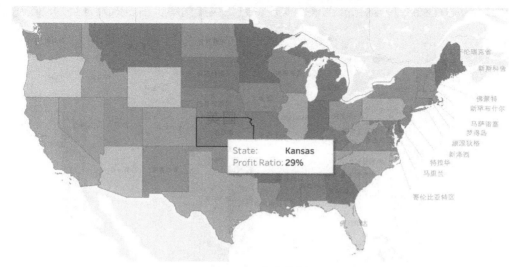

图 5.20　热力地图

词云图，也称为文字云，是对文本中出现频率较高的"关键词"予以视觉化的展现，见图 5.21[4]和图 5.22[5]。类似的免代码在线词云图生成工具还有 https://tagcrowd.com、http://www.tocloud.com、http://www.abcya.com 和 http://www.imagechef.com 等，有些工具对中文字体支持较少，可以自行下载字体上传即可。

图 5.21　词云图 1

图 5.22　词云图 2（词频分析）

瀑布图因其形似瀑布而得名，是一种表达数据变化的图表，如显示项目的完成进度、数值累计及变化情况等。瀑布图展现了数值之间的数量变化关系，最终展示一个累计值。图 5.23[6]按季度展示某汽车销售公司的人员变动情况，每年有一个总计值，可以方便地查看每季度人员的变化情况。瀑布图可以使用 Excel 实现，但制作方法略显复杂，使用 Python 的 Pandas

---

[3]　使用 Tableau 软件制作。
[4]　使用工具 https://wordart.com/制作。
[5]　使用工具 http://www.picdata.cn/制作。
[6]　使用工具 https://www.hcharts.cn/制作。

和 matplotlib、R 等语言也可以制作，但需要精通编程语言，建议初学者使用 ECharts、Amcharts 或 Highcharts 等在线纯 JavaScript 图表库实现，方法快捷简单，图表效果好且为动态效果。

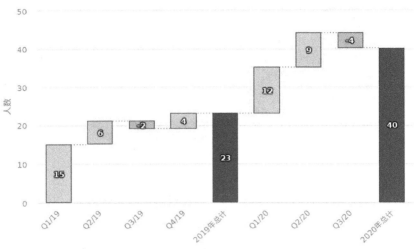

图 5.23　瀑布图

箱线图，也称为盒须图、盒式图等，因形状如箱子或盒子而得名。箱线图最大的优点是不受异常值的影响，以一种相对稳定的方式描述数据的离散分布情况，常用于品质管理。箱线图包含 6 个数据节点，将一组数据从大到小排列，分别计算出上边缘、上四分位数 Q3、中位数、下四分位数 Q1、下边缘和异常值（用散点展现），见图 5.24[7]。

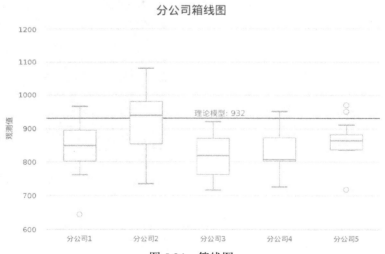

图 5.24　箱线图

随着计算机编程技术的迅猛发展，图表的制作方法越来越简单，图表的种类越来越丰富，如桑基图、柏拉图、甘特图、风羽图等，一般使用 ECharts、Amcharts 或 Highcharts 等在线工作制作，初级用户在很短的时间内就可以制作完成。

---

[7]　使用工具 https://www.hcharts.cn/制作。

还有针对特定数据的图表制作工具，如针对社会网络数据、链接数据、生物数据等制作社交网络图、生物网络图的 Gephi[8]工具，见图 5.25。制作 3D 地图图表可以使用专业工具 ArcGIS[9]、QGIS[10]等，如显示飓风的路径、汽车拉力赛的赛道等，见图 5.26。

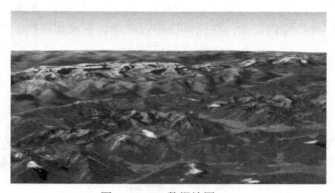

图 5.25 社交网络图 　　　　　　　　　　图 5.26 3D 数据地图

制作层次树图有马里兰大学的 Treemap 工具[11]，见图 5.27。Processing[12]是一种交互动画、复杂数据可视化工具，见图 5.28～图 5.30。

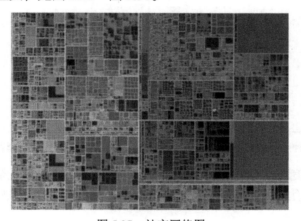

图 5.27 社交网络图

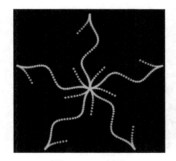

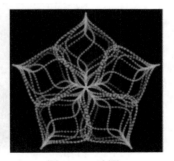

图 5.28 动图 1 　　　　　　图 5.29 动图 2 　　　　　　图 5.30 动图 3

[8]　Gephi 官网 http://www.gephi.org
[9]　http://arcgis.com
[10]　https://www.qgis.org/
[11]　马里兰大学树图制作 http://www.cs.umd.edu/hcil/treemap
[12]　Processing 官网 http://processing.org

5.1.2　图表设计原则

好图表首先是美观，容易吸引用户的关注，其次能正确呈现数据及数据之间的关系或规律，再次能让人快速理解图表，让用户"一眼"就能明白数据想表达的含义。以下给出各种图表的使用建议，在制作图表时根据数据和想表达的内容选择合适的图表，合理布局，让图表更易读，达到高效阅读的目的。

1．柱形图的使用建议

当数据较多时，为了区分数据而为每个柱形设置一个颜色，见图 5.31，多颜色虽然吸引了用户的眼球，但用户的关注点在颜色上而不是数据及数据间的关系，所以这是一个失败的图表。建议修改为同一色系的不同颜色，或者相同颜色的不同色调。为了强调某个数据，如最小值，图 5.32 可以使用对比色或者图案填充等方法突出显示某个柱形，如突出显示了销量最低的"周五"，仅销售 68 辆汽车。

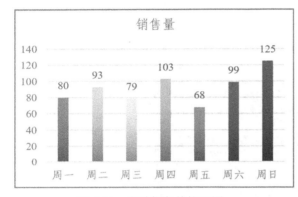

图 5.31　多种颜色的柱形图

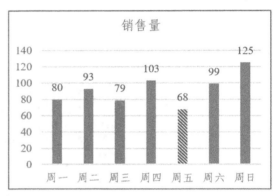

图 5.32　强调某个柱形的柱形图

柱形图的柱形宽度和间隙要适当，建议柱形的宽度不小于柱间间隙的 2 倍，否则过宽的间隙不仅浪费了版面资源，也容易让用户的视觉停留在过宽的间隙。图 5.33 的效果明显好于图 5.31 和图 5.32。

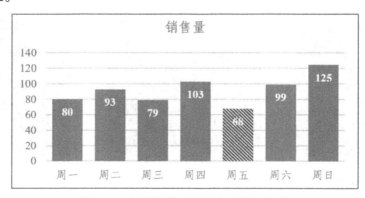

图 5.33　柱形宽度和间隙合理的柱形图

柱形图必须包含零点。图 5.34 中的 Y 轴从 60 开始，展示的是被截断的柱形，用户容易产生错误的判断。从图 5.34 看，销量最高的"周日"的柱形高度是销量最低的"周五"的柱形高度的几倍，实际上"周五"的销量是 68 辆车，"周日"的销量是 125 辆车，还不到"周五"的 2 倍。另外，图 5.34 是被截断的柱形，所以最小值"周五"已经没有足够的高度显示数据，数据"68"已经被截掉，这种没有完整显示数据的图表也是失败的。

柱形图不适合显示分项较多或者标签过长的分项，因为版面的原因，分项过多的柱形图排列紧密，标签只能倾斜或垂直显示，视觉效果差。有些柱形图分项并不多，但每个分项的标签过长，也会导致类似的问题，见图 5.35，建议修改为条形图，以获得更好的视觉效果。

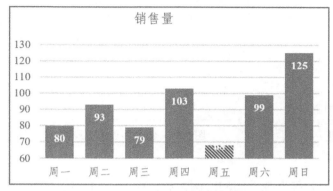

图 5.34　不包含零点的柱形图

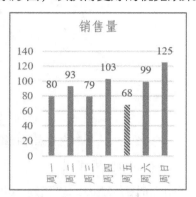

图 5.35　标签过密的柱形图

最后，不建议使用三维柱形图，由于在平面上显示三维柱形图会发生图形扭曲，不容易精准地读取数据。

2．折线图的使用建议

折线图不适合显示 4 条以上的折线，否则交织在一起的折线让人无法"一眼"看出数据之间的对比和差异，凌乱的折线反而干扰了可读性。如图 5.36 包含 8 家分公司的汽车销售数据，这张图表看起来好像一团乱麻。对用户没有吸引力的图表就是失败的图表。

图 5.36 的 8 条折线使用颜色区分，若黑白图片可能导致用户看不清楚，是否可以装饰折线达到这个目的呢？图 5.37 使用了三种漂亮的图例（圆形、心形和星形），虽然图例可以帮助用户区分不同的数据系列，但过多复杂或者过于美观的图例都会分散用户的注意力，建议采用标签标注的方式解决这类问题。

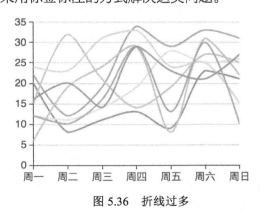

图 5.36　折线过多

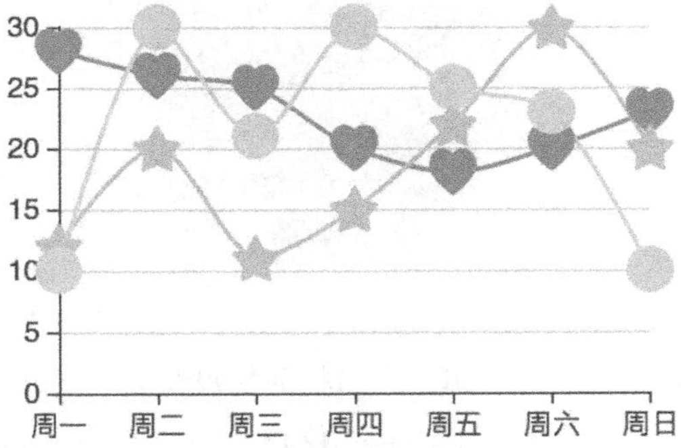

图 5.37　装饰过度的图例

折线图必须包含零点，即 X 轴和 Y 轴都必须包含零值，否则容易造成理解的偏差。图 5.38 是不包含零点的折线图，图 5.39 是包含零点的折线图，二者视觉差异明显，通过趋势线也可以明显看出图 5.38 夸大了趋势，显示数据间波动过大。图 5.39 虽然包含零点，但折线位置偏上（图表的下半部分留白过多），视觉效果不理想（一般建议折线最低和最高点约占 Y 轴高度的 2/3），本例因为数据值较为接近，建议修改为柱形图或条形图。

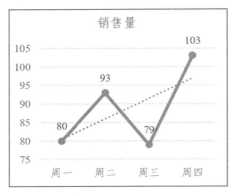

图 5.38　不包含零点的折线图

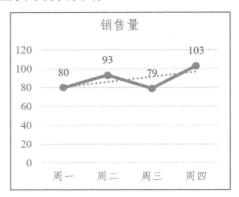

图 5.39　包含零点的折线图

3．饼图的使用建议

确保饼图各项占比总和为 100%。为呈现数据间的比例关系，将图 5.33 的柱状图改为饼图，效果见图 5.40。仔细观察这个饼图，我们发现百分比的总计是 99%，这是由于计算时小数点四舍五入造成的。

一般建议，尝试增加小数点位数，如本例增加到 1 位小数即可，见图 5.41。若增加到 2 位小数依旧不能保证各项占比总和为 100%，则通常采取的办法是：对数据进行四入五舍（若总和小于 100%，则够四进一，若总和大于 100%，则够五减一）；若最大值仅有一个，建议修改最大值；若最小值仅有一个，建议修改最小值。如本例建议将最大值"周日，19%"四入五舍后改为"周日，20%"。饼图不建议呈现过多的小数位数，一般保留 1～2 位小数是比较合适的，否则过多的数字容易造成注意力分散。注意，上述方法不适合对数据要求特别精确的行业，如医学、精密机械、工程、刑侦、航天、制造业和高科技等。

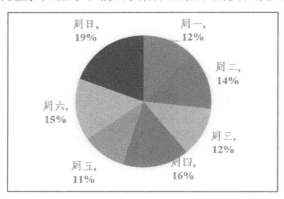

图 5.40　占比总和为 99%

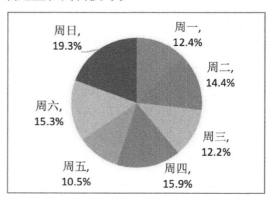

图 5.41　占比总和为 100%

饼图不适合数据的精确比较。图 5.41 包含的 7 个分项占比差异不大，最小值是 10.5%，最大值是 19.3%。虽然从数字上看差异很大，但仅看图表不看分项数据时，用户很难"一眼"发现占比最大或最小的数据，建议修改为柱形图或南丁格尔玫瑰图（见图 5.10）。

饼图的分项数据显示在饼图内部时，要避免面积小的分项与其他分项交叠在一起，图 5.42 中"周五"与"周四"分项的内容有交叠，建议减小字号，遵循"少即是多"的原则，删除图例对图表的理解没有任何影响，最后效果见图 5.43。注意，分项数据要与饼图分项的颜色有明显的区分。如图 5.43 中分项数据是白色，分项颜色均为深色，对比明显。

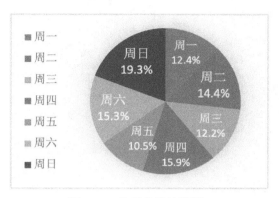

图 5.42　分项交叠的饼图

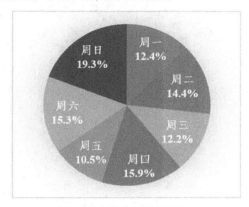

图 5.43　优化后的饼图

尽量控制饼图分项为 3～5 个。如图 5.44 包含 7 个分项，其中 3 个分项占比很少，因此没有足够的空间显示数据标签，用户很难看清交叠在一起的数据标签（如"周一，2.8%"和"周二，2.0%"）。当数据类别超过 5 项，尤其分项占比差异较大时，可以将占比较小或不重要的分项合并为"其他"，见图 5.45。如果希望所有分项完全显示，可以修改为柱状图、条形图或者复合饼图。

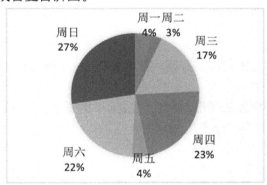

图 5.44　标签过于紧密的饼图

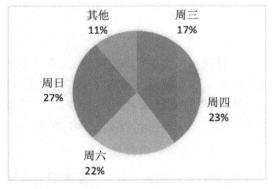

图 5.45　使用"其他"的饼图

饼图中占比最大的分项建议放在 12 点钟的右侧，然后按照各分项的占比降序依次顺时针排列。对比图 5.45 和图 5.46，一个是无序饼图，另一个是有序饼图，用户更容易在有序饼图中发现占比最大的分项，显示其重要性。也可以在 12 点钟的左边依次降序逆时针排列占比第二至占比最小的分项，根据人眼从上至下浏览的习惯，将占比大的前两个分项放在上面，其他占比小的放在下面，便于用户发现占比较大的分项，见图 5.47。

可以为重点强调的分项添加动画效果、特殊样式等突出其重要性，但要注意避免太多花哨的效果吸引用户的注意，淡化了对数据的理解。假设周三的数据是最重要的，虽然其占比并不是最大，也可以将其放置在 12 点钟右侧，并为其增加特殊样式说明其重要性，见图 5.48。

超过 5 个分项的饼图更适合使用复合饼图显示。若分项超过 5 个且都需要显示出来，建议使用复合饼图，见图 5.49。复合饼图包含两个饼图，左侧大饼图显示占比高的分项，右侧小饼图显示大饼图"其他"分项的详细占比情况。

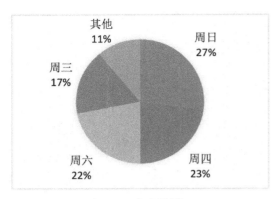

图 5.46　有序饼图

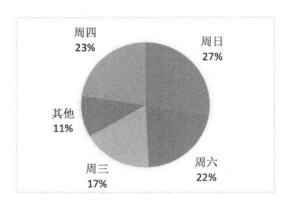

图 5.47　占比大的分项在上面的饼图

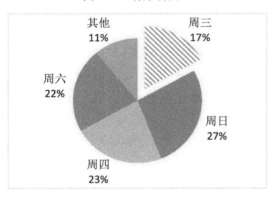

图 5.48　突出效果的饼图

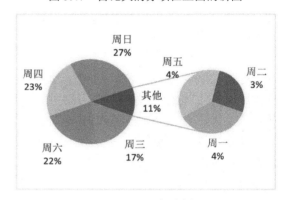

图 5.49　复合饼图

饼图标签与饼图距离较远时，可以使用引导线连接饼图分项与饼图整体，在饼图周围合适位置显示数据标签，如图 5.48 的分项"周三，17%"。

3D 图表的确让读者感觉很酷，但 3D 图表中扭曲的图形对用户的视觉干扰很大，容易歪曲各分项的占比关系，特别是 3D 饼图，因此建议少用或不用 3D 饼图。

4．条形图的使用建议

条形图与柱形图很相似，柱形图是柱形垂直于 X 轴，条形图是条形垂直于 Y 轴，二者形状类似，建议也类似。

因为人的视觉更容易关注图表的上面，所以重要的数据建议显示在图表的上半部分。例如，最大值最好是第一个条形，或者说，降序排序的条形图更容易让用户正确理解数据的含义。对比图 5.50 和图 5.51，降序排序的条形图让用户更容易抓住重点。若重要的数据是最小值或其他特殊值，也可以将这类数据的条形图显示在图表的上半部分。

图表中仅显示必要的元素，可以让用户更快速地抓住重点，尽可能删除可有可无的数据。图 5.51 中的必要元素是星期和销售量，销售量已经在每个条形的右侧显示，所以 X 轴属于非必要元素，X 轴的网格线也可以删除。但图表的标题是必须保留的元素，否则用户无法快速理解条形图右侧数据的含义，见图 5.52。

5．散点图的使用建议

散点图用于显示两组数据之间的相关性，无相关性的数据不建议使用散点图。如有数据集包含连续 30 天的每日销售额，使用散点图是不合适的，建议用折线图。若数据集包含运输

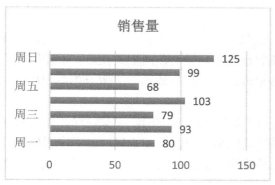

图 5.50　未排序的条图

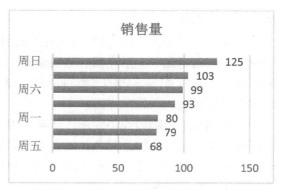

图 5.51　降序的条图

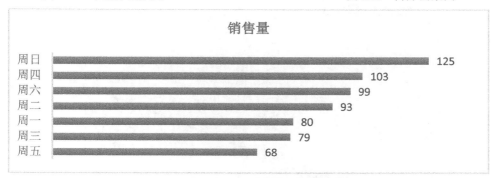

图 5.52　删除非必要数据后的简洁条形图

费和销售量，或者广告费和销售额，都适合使用散点图，因为运输费和销售量、广告费与销售额相关的可能性很大。注意，数据之间的相关性并不一定代表因果关系，如不能根据运输费和销售量成正相关（销售量大往往会导致运输费上涨），就得出了销售量大必然导致运输费高的结论。因为运输费不仅与销售量相关，还与运输方式（如空运、陆运或海运）、距离、运输保险等因素相关。图 5.53 显示了赔付额与索赔额的关系。

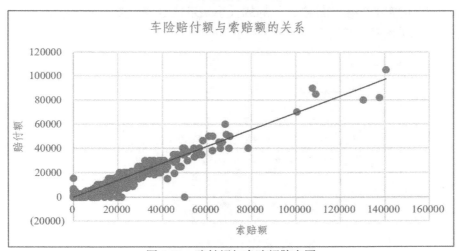

图 5.53　赔付额与索赔额散点图

趋势线有助于用户"一眼"发现数据之间的关系，描述了两组数据之间的关系，帮助用户更好地理解数据的相关性。建议趋势线使用实线，比虚线更容易引起用户的注意，且最好使用鲜艳的颜色。

必须有足够多的数据才能使用散点图，若数据太少，很难描述其相关性。一般来说，数据越多，数据越集中，散点图的效果越好。若离散点过多，说明数据相关性差，不建议使用散点图。图 5.53 中左下角的点特别密集，说明数量较大，离趋势线远的离散点相对较少，说明这个数据集很适合做散点图。

一般情况下，趋势线不要超过两条，也有特殊情况，如需要对男性和女性司机做出对比和区分，可以给性别加上颜色，或者用不同的线条或图案区分，见图 5.54。本例中男性用蓝色圆形表示，女性用橙色方形表示，通过两条趋势线可以更清楚地区分性别、赔付额与索赔额的分布情况和关系。

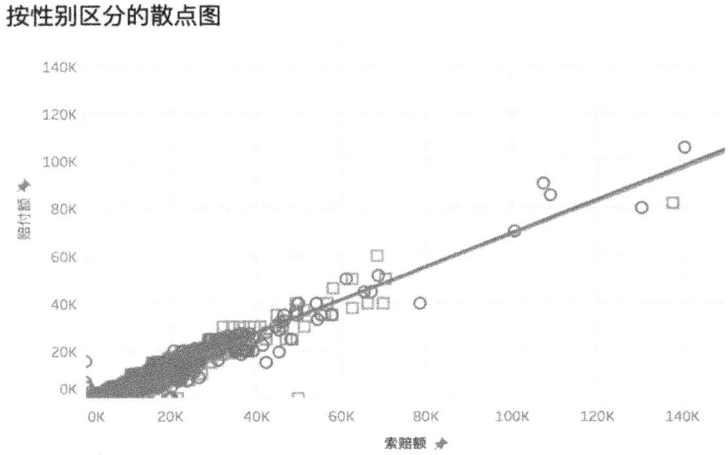

按性别区分的散点图

图 5.54　按性别区分的散点图

气泡图也是用于显示变量间相关性的一种图表，但与散点图的区别是，比散点图增加了一个变量，即气泡大小的变量。气泡图还经常与地图一起结合使用，也称为点图。其中，X 轴和 Y 轴表示地理位置的经度和纬度，气泡的大小表示该地理位置的某个数值，见图 5.55，气泡大小是各州的利润率，并用颜色区分各州。

图 5.55　气泡图与地图结合（点图）

图表是否包含边框要结合可视化的其他元素决定。一般来说，包含边框（特别是深色）的图表从视觉效果上看要大于相同长宽的无边框图表。所以在整个可视化效果中，如果希望突出图表，建议为图表增加边框。虽然图 5.54 和图 5.55 的宽度相同，但视觉效果上明显图 5.55 更突出，更容易引起用户的注意。

6．雷达图的使用建议

当仅有一组数据时，有无填充区域的雷达图均适合显示器输出，见图 5.56 和图 5.57。有填充区域的雷达图更适合打印输出，尤其是黑白输出，因为无填充区域的雷达图刻度线和多边形的线条均以黑白线条呈现，容易造成视觉干扰。

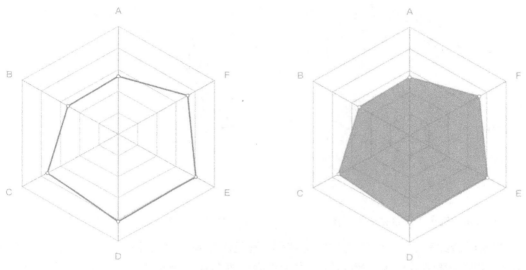

图 5.56　无填充区域的雷达图　　　　　图 5.57　有填充区域的雷达图

当有两组数据时，有填充区域的雷达图更适合显示器输出，视觉效果较好。若进行打印输出，图 5.58 容易造成大量的色块交叠或多边形边的交叉，则建议用图 5.59 替代。

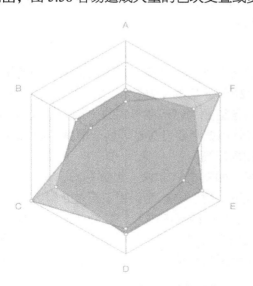 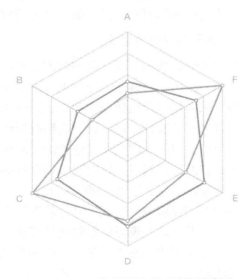

图 5.58　两组数据有填充区域的雷达图　　　　图 5.59　两组数据无填充区域的雷达图

雷达图不适合显示三组以上的数据序列。因为一个数据序列产生一个多边形（变量的个数就是多变形的边数），大量的多边形容易产生填充区域的覆盖或边的交叉。如果变量超过 6 个，最好仅包含 1 组或 2 组数据。如图 5.60 包含 6 个类别的 3 组数据，虽然用颜色区分了 3 个多边形，但总体视觉混乱，很难快速在三组数据中对比数据优劣。当变量的范围较大、刻度较多时，可以用不同的颜色设置刻度区域，见图 5.61。

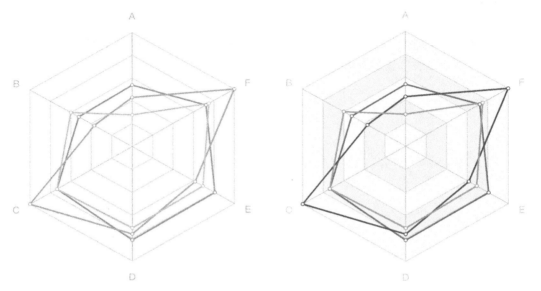

图 5.60　包含 3 组数据的雷达图　　　　图 5.61　颜色区分刻度区域的雷达图

雷达图适合比较 3～6 个类别的数据序列，既适合查看单个类别的发展均衡情况，也便于对比两个或更多类别的优劣。因为每个类别都有一根从中心向外发射的轴线，若类别超过 6 个，则产生的轴线太多会导致用户难于阅读和区分数据；若类别过少，则多边形边数稀少，图表简单，美观度不足。

雷达图不适合精确比较数据序列。除非数据序列的差异较大，否则用户很难通过径向距离判断数据序列的差异，尤其是不相邻的数据序列。

7．面积图的使用建议

面积图适合展示两组左右的数据，见图 5.62。当数据组数过多时，即使数据用颜色做了区分，面积叠压也会导致部分数据无法查看，如 12 月 16 日的 "71" 和 "69"，可读性差。

当面积图超过两组数据时建议采用图 5.63，将各组数据显示在不同的 Y 轴上，这种方法避免了区域的交叠，分开显示的面积清晰明了。可以根据需要设置是否显示数据，图 5.63 上面两个面积图显示了数据值，下面的面积图没有数据标签。

当面积图超过两组数据时可以使用堆叠面积图，如图 5.64 包含 4 组数据。

堆叠面积图避免了面积叠压的问题。一般情况下，建议堆叠面积图不超过 7 组数据。如果各组数据的面积差异较大，也可以按照面积的大小升序或降序排列。图 5.64 适合浏览整体数据效果，但不适合查看每组数据的精确值，如无法查看 "12 月 5 日" 的其他 3 个数据值。虽然可以为每组数据添加标签，以标明精确值，但大量的标签容易造成视觉混乱、标签叠压遮挡等问题。

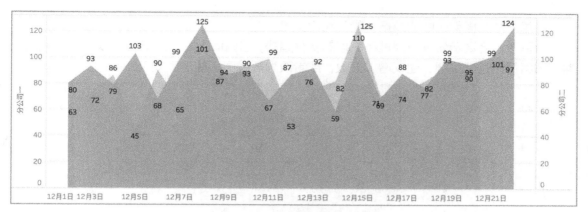

图 5.62　包含 2 组数据的面积图

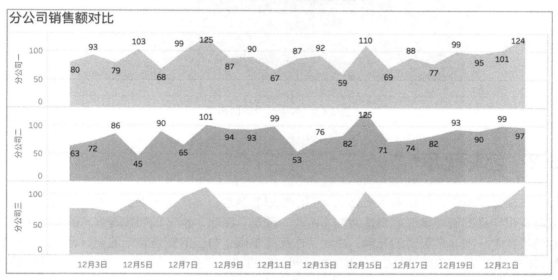

图 5.63　分组面积图

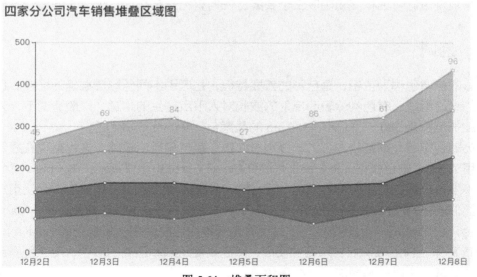

图 5.64　堆叠面积图

注意：堆叠面积图中的数据一般不包含负值。

面积图适合展示随着时间推移数据的变化趋势，若时间太短，如图 5.65 仅包含 4 天的数据，则面积图过于单调，建议增加天数，或者改为折线图、柱形图或条图等。

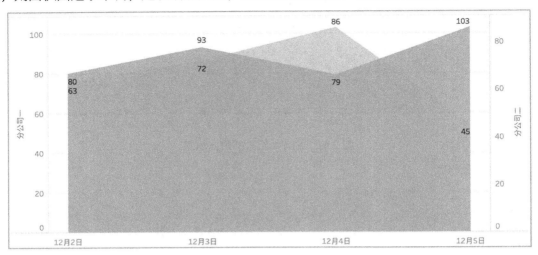

图 5.65　数据过少的面积图

5.2　色彩暗示

在视觉艺术中，色彩暗示是艺术家们抒发思想情感，为作品带来表现力的重要手段。数据可视化作品的最终呈现效果是文字、图片、动画、图表、声音和视频等信息的有机整合。颜色是其中一项非常重要的元素，决定了作品的基调。得当的颜色暗示能更好地让用户在数据和可视化作品中来回切换，"一眼"感受到作者的观点和意图，理解可视化作品背后的数据及数据间的关系。

色彩包含色调、饱和度和明度三个要素。任何有色光都是这三个要素的综合效果。

5.2.1　色调

色彩的色调也称为色相，是色彩的首要特征，是区别不同色彩最准确的标准。色相取决于光源的光谱组成、有色物体表面反射的波长对人眼所产生的感觉。一般情况下，人类视觉可见的波长范围是 380～700 nm，380 nm 的是紫色，700 nm 的是红色。

人类的视觉感光细胞分为三类，分别对红色、绿色和蓝色敏感，这也是现在显示器或打印机常用的 RGB 颜色模型。R（red）代表红色，G（green）代表绿色，B（blue）代表蓝色。色彩中不能再分解的基本色称为原色，原色可以合成其他颜色。RGB 模型实际使用三种原色命名。类似的还有 CMYK 颜色模型，三原色分别是 C（Cyan）代表青色，M（Magenta）代表品红色，Y（Yellow）代表黄色。理论上将这三种原色混合在一起就是 K（black），代表黑色。CMYK 颜色模型最初仅在印刷业使用，黑色是使用频率最高的颜色，用三种原色混合黑色造成了浪费，所以单独增加了一个黑色。

随着技术的发展，又出现了 HSB、HSL、LAB 和 CIE 等颜色模型。无论是哪种颜色模型，由原色中的两种颜色调和出来的颜色被称为二次色或者间色。三次色也称为复色，是由三种原色按不同比例调配的颜色。

不同的波长代表着不同的颜色，所以人类看到的是一个连续的光谱，也称为色相环或色轮。色相环有多种，如蒙赛尔色轮、牛顿色环、伊登 12 色相环等。

伊登 12 色相环是由约翰斯·伊登（Johannes Itten，1888—1967 年）设计的。其原理是选取黄色、蓝色和红色作为三原色，即图 5.66 最内部三角形的三种颜色。中间是二次色，正六边形包含三种原色两两调配出来的橙色、绿色和紫色。最外圈的圆环是三次色，包括黄橙、红橙、红紫、蓝紫、蓝绿和黄绿。色相环排列的顺序与彩虹、光谱的排列顺序是一样的。互补色分别位于直径对立的两端。

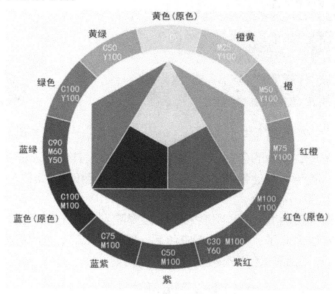

图 5.66　伊登 12 色相环

伊登 12 色相环虽然正确显示了色彩的顺序，却不能正确反映颜色间的距离，在伊登 12 色相环中色彩都是距离相等的，但人类视觉看到的不是这样，如黄色到绿色的范围更大，黄色到红色的距离更小。

其他种类的色相环虽然原色不同，但都是表示光谱中的连续色调。

不同的色彩会使人产生不同的感觉（温度），因此色调常分为暖色调和冷色调两种。如红色、橙色、赭色、黄色是暖色调，蓝色、绿色、青色是冷色调。

5.2.2　明度

色彩的明度是指色彩的明暗程度，任何色彩都有自己的明暗特征。一般来说，物体表面对光的反射越高，其明度越高，所以白色明度最高，是 10，黑色明度最低，是 0。有色颜色中黄色明度最高，蓝紫色明度最低，红色和绿色为中间明度。

色相相同可能明度不同。因为光线的差异会产生不同的明度，如同一色彩在强光的照射下显得明亮，在弱光照射下显得灰暗。再如，相同的色相增加黑色或白色调和后，产生了明暗差异，造成明度的不同。

在图 5.67 中，最左侧明显视觉效果暗淡模糊，明度低，随着色块逐步向右变化，明度依次提高。

5.2.3　饱和度

饱和度也称为纯度，是指色彩的纯净程度。色彩的纯净度越高，则饱和度越高，表示色彩中所含有色成分的比例。图 5.68 中，越是边缘的颜色饱和度越高，越向中心的饱和度越低。

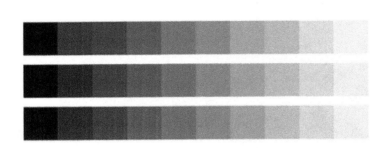

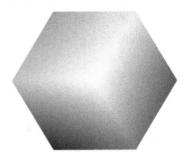

图 5.67　明度变化　　　　　　　　　　　　　　图 5.68　饱和度变化

光谱中的单色光是最纯净的色彩，为极限纯度。当掺入其他色彩时，纯度就发生了变化。如红色混杂了白色、灰色等其他色调的颜色，就降低了红色的饱和度。当掺入的色彩达到一定的比例时就成为了另一种颜色。

每种纯色都有相应的明度。色彩明度的变化会影响到色彩的饱和度。如红色掺入黑色后，明度降低了，饱和度也降低了；红色掺入白色后，明度提高了，饱和度却降低了。明度和饱和度的关系见图 5.69，上面的色相轮明度高于下面的。

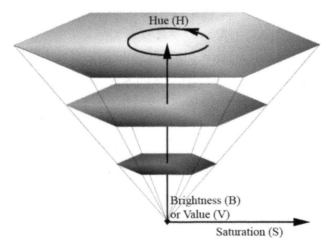

图 5.69　明度和饱和度

色调、明度和饱和度是三个不可分割的特征，应用时必须同时考虑这三个因素。在运用色彩时要考虑打印输出的问题，特别是黑白打印与彩色打印的区别。彩色图表在显示器上可能非常美观，但黑白打印输出的效果可能不如人意。使用颜色时，为了避免视觉疲劳，一般很少使用彩虹色、三原色或者明度特别高的颜色，建议使用视觉柔和的颜色。运用色彩时还需要考虑到色盲、色弱人群，他们可能不容易通过色彩来区分图表中的元素。

色彩的感知是一种感性行为，人与人之间对颜色的敏感度和偏好差异较大，建议没有专业基础的用户使用工具完成色彩的选择，常见的工具如下。

ColorHunt[13]是一个免费、开放的色彩配色平台，有数以千计的手工挑选的流行配色方案，配色方案质量高，每种方案提供 4 种颜色。

Kuler[14]是 Adobe 公司推出的一款的配色软件（插件），可以方便地查看他人的配色方案，只要拥有 Adobe 账号，任何用户都可以上传自己的配色方案并分享给全世界。

Color brewer[15]是一个为地图配色的利器，由美国宾夕法尼亚大学的 Cynthia Brewer 和 Mark Harrower 教授提供免费地图可视化的配色方案。

5.2.4　色彩暗示的综合运用

图表中的视觉暗示是通过视觉上的技巧帮助用户快速理解图表背后的数据，领略图表要表达的数据间的关系或规律。视觉暗示通常包括长度、面积、体积、角度、弧度、位置、方向、形状和颜色等。为了达到更好的视觉暗示效果，经常需要将色彩与其他视觉暗示元素一起使用。

图 5.33 使用面积编码数据，将用户的视觉吸引到柱子较宽、面积最大或面积最小的柱子上。为了增强视觉暗示，改变了希望用户关注的柱子的颜色和图案（红色斜条纹），这就是色彩暗示，确切地说，是面积加色彩的综合视觉暗示运用。

图 5.34 是使用长度实现视觉暗示的错误例子，因为视觉认为数值越大，长度会越长，长度应该与数据成正比，但图 5.34 的 Y 轴不包含零点，造成了长度与数据不成正比，导致错误的视觉暗示。

图 5.38 由于 Y 轴缺少零点，改变了折线的角度，对比图 5.39 可以发现，原本相对平滑的折线变得非常陡峭。这也是一个错误的视觉暗示。

图 5.48 是角度、弧度、形状和色彩视觉暗示的综合运用，将最重要的周三数据放在了 12 点钟右侧（角度和弧度）并修改了颜色和形状，这是一种非常好的饼图色彩暗示综合应用。

图 5.54 是位置、形状和色彩暗示的综合运用，散点图使用了位置暗示，散点图中的每个点代表一个数据，点的位置由数据决定。当大量的数据展示出来时就可以看出数据的趋势和相关性。本例中男性用蓝色圆形表示，女性用橙色方形表示，形状和色彩的综合运用强化了视觉暗示。

色调运用在图表时，不同色调表示不同的数据分类。饱和度运用在图表时，一般使用一种颜色，通过饱和度的变化表示数据的大小。

明度运用在图表时，一般使用一种颜色，通过明度的高低变化表示数据的大小。也可以提高重要内容的明度，以区别其他颜色。

---

[13]　官方网站 http://www.colorhunt.com/
[14]　官方网站 http://color.adobe.com/
[15]　官方网站 http://colorbrewer2.org/

色彩暗示只是视觉暗示的一种方法，可视化不仅包含视觉暗示，还包括坐标轴、标尺、图例、标题、背景数据等。更多的内容可以参考 Jacques Bertin 的 *Semiology of Graphics* [16]和 Wilkinson Leland 的 *The Grammar of Graphics* [17]。

5.3 图表可视化原则

数据可视化的过程就是数据编码和解码的过程。编码是将数据以多种形式呈现出来，如文字、图片、声音、图表和视频等，解码恰好相反。图表可视化的总原则是尽可能简单且忠实于数据。无论使用何种方法可视化数据，最终目的是吸引用户并让用户快速理解作品想表达的内容。随着大数据和计算机技术的蓬勃发展，数据可视化的手段和方法也日新月异，相应的可视化原则会发生变化。

5.3.1 "第一眼"原则

"第一眼"原则是让用户在"第一眼"就被可视化作品吸引，能快速理解可视化作品想要表达的含义，正确理解数据的编码和解码，可以通过可视化作品理解支撑作品的数据。

为了实现"第一眼"原则，作品要在最短的时间内，使用最少的数据墨水（Data Ink），在最小的空间内为用户提供最多的数据。图 5.70[18]是一个很好的案例，展示了 2015 年 3 月美国的就业统计数据。图表虽然很小，但呈现给用户的数据非常丰富，而且公式的呈现方式和数字举例帮助用户理解公式，让晦涩的公式变得不再复杂。

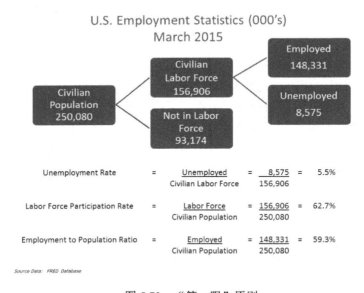

图 5.70　"第一眼"原则

[16]　Jacques Bertin．Semiology of Graphics．ESRI Press，2010．
[17]　Wilkinson Leland．The Grammar of Graphics．SPRINGER PG，2011．
[18]　https://www.interaction-design.org/literature/article/guidelines-for-good-visual-information-representations

5.3.2　数据不是敌人

图表显示的数据越多，用户获取的数据越少。在可视化过程中尽量避免图表内容太多、太复杂，导致数据过载，视觉焦点分散。随着开放数据的普及和数据获取技术的完善，如何取舍数据成了数据可视化的一个难题。如果简单将全部数据都呈现在一个数据可视化作品中，这个作品可能成为一个"灾难"，见图 5.71[19]。作品包含图片、文字、图表，看上去既专业又丰富，但问题是"没人看"！因为用户无法在众多的内容中找到重点，当前处于碎片化阅读时代，用户不会给一张图表太久的时间，往往用户在看了几秒钟后发现看不懂或者找不到重点而选择放弃阅读。

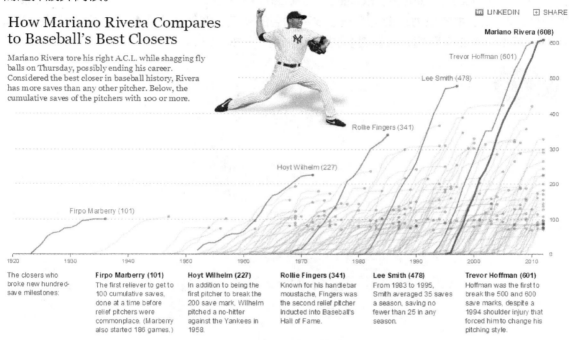

图 5.71　内容过多的图表

如果数据收集得非常充分，如何可视化呢？无论有多少数据，一定要根据作品的主题找到讲故事的角度，然后对数据进行切片。任何图表都要突出一个重点，一个作品最好只有一条主线，不要让用户分心，不能让数据成为可视化的敌人，这也是视觉暗示的最终目的。

5.3.3　删减无关的元素

耶鲁大学统计学教授爱德华·R·塔夫特在他的经典著作 *The visual display of quantitative information*[20]中提出了数据墨水比例（Data-Ink Ratio）原则。

"数据墨水在打印图表总墨水的占比，在合理的基础上，使数据墨水比例最大化并去除非数据墨水和多余的数据墨水。

[19]　http://archive.nytimes.com/www.nytimes.com/interactive/2012/05/05/sports/baseball/mariano-rivera-and-his-peers.html?_r=0
[20]　Edward R.Tufte．The visual display of quantitative information．Graphics Pr, 2001．

"数据墨水比 = 图表中用于数据的墨水量/总墨水量

= 图表中用于数据显示的必要墨水比例

= 1 - 可被去除而不损失数据的墨水比例"

这个原则的核心就是保持可视化作品的简洁，删减与故事无关的元素。避免图表垃圾，尤其是图表中多余的数据、不必要的标签或文字、装饰阴影、渐变效果、繁杂装饰、标尺、复杂的坐标、华丽的背景、烦琐的图例和网格线等。

作品"漂亮的图例"来自美国哥伦比亚大学新闻学院数据新闻项目主任 Jonathan Soma，并做了修改，见图 5.72。这是一个热力数据地图，右侧是原始图例。有很多工具可以做出类似的效果，如 Excel、Tableau、ECharts、Amcharts 和 Highcharts 等。本例重点关注的是图例的效果，图 5.72 中的热力地图包含显示 5 种颜色的图例，图例包含颜色（含黑色的边框）和数据范围（包含 2 个数据，数据最多包含 2 位小数，如"38.5-60"）。

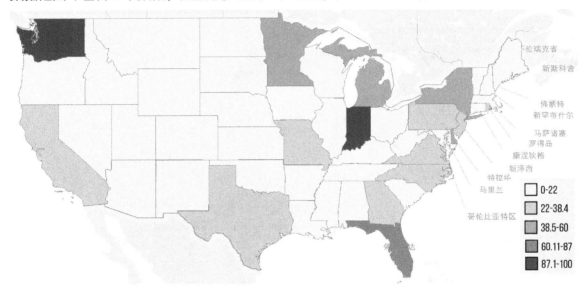

图 5.72　原始图表

依据"少即是多"的原则，分析在用户看得懂的情况下，如何删减图例中的无关元素？

① 图 5.73 显示的图例包含 5 种颜色，数值范围显示为 2 位小数，且对范围 0～100 并不是均匀分配。这是不需用户关注的地方，可以使用整数替代，因为颜色差异不大，可以修改为均匀分配的范围，见图 5.74，修改后的图例清爽且均匀有规律。

② 当数据范围内的数据都是均匀分布时，可以采取图 5.75 的单整数图例，图例的数字由 10 个减少到 6 个。虽然数据变少且取消了范围间隔符号，图例占用的面积也变小了，图例反而更容易理解了。

③ 由于现在大部分国家的阅读习惯都是从左到右、从上到下，所以可以将图例改为横向排列的效果，颜色由浅到深，清楚呈现出数值由小到大的升序规律，见图 5.76。注意：色彩有序排列时，最好体现出顺序的关系，如色调从浅入深，明度由明到暗，饱和度由低到高等。

④ 图 5.76 的图例包含一条黑色的颜色分隔线，这四条分隔线不是必须保留的内容，可以删除，见图 5.77。删除后的呈现效果不会影响用户的理解。

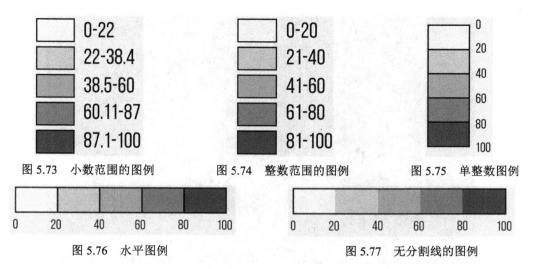

图 5.73　小数范围的图例　　　　图 5.74　整数范围的图例　　　　图 5.75　单整数图例

图 5.76　水平图例　　　　　　　　　　图 5.77　无分割线的图例

⑤　图 5.77 中的 6 个数字都是必须保留的吗？图 5.78 显示两种方法分别减少了 2 个和 4 个数字，用户依旧可以"秒懂"。

⑥　图例包含的 5 种颜色是同一个色系，由浅入深的色调可以表示数值的递增，弱化颜色分割后的图例效果见图 5.79。

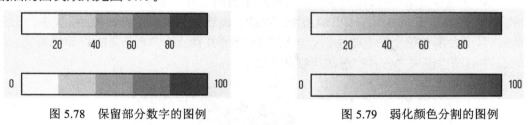

图 5.78　保留部分数字的图例　　　　　　　图 5.79　弱化颜色分割的图例

5.3.4　慎用 3D 图表

3D 图表要体现立体感而产生了图形扭曲，容易造成用户视觉误差，建议慎用 3D 图表。

图 5.80 是 3D 图表的典型错误应用。图表虽然遵循了视觉暗示的原理，将升序排序的前两个数据分项分别放在 12 点钟的右侧和左侧，但是由于 3D 图为产生立体感而扭曲，占比 19.5%分项的角度（面积）明显大于 21.2%，容易导致用户的误解，误以为排序方式是从 12 点钟方向的右侧依次显示。用户的第一反应是最大分项是 39.0%，然后是 19.5%等。当仰视、俯视或从侧面查看 3D 图表时，都会严重图表的扭曲问题。这种需要用户花费时间思考才能正确理解的图表是糟糕的，正确的做法是使用 2D 饼图。本例或许是乔布斯的"小心机"，就是希望用户产生错觉，希望用户觉得分项 19.5%是排名第二的，因为这是 Apple 手机的占比情况，且 21.2%虽然是排名第二的分项，但毕竟是包含了多个品牌手机的"其他"。

图 5.80 还存在颜色过于鲜艳[21]的问题，饱和度和明度过高，这样的图片容易产生视觉疲劳。虽然容易吸引用户的注意，但短时间内浏览大量的高饱和度图表（多个 PPT 页面都有类似的颜色问题），会让人产生反感或焦虑情绪，建议修改为同一色调不同饱和度或不同明度，增加图表的"平和感"。

---

[21]　由于黑白印刷视觉效果不明显，可以下载配套资源查看原图。

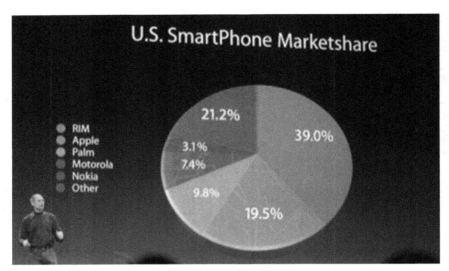

图 5.80 慎用 3D 图表

慎重使用 3D 图表并不是完全不使用，在某些特殊情况下，3D 图表的使用会提高作品的可读性，见图 5.81[22]。这是《华尔街日报》关于 3D 打印机的可视化作品，说明 3D 个人打印机价格下降且更容易使用后，普通用户就可以打印出图 5.81 的效果。作品展示 2007 年到 2013 年价格低于 5000 美元的 3D 打印机销售额体积图。虽然这个图表也有些扭曲，将图片逐渐远离视线，甚至会感觉整个图有些歪斜。但因为这个图表展示的内容与 3D 打印机有关，所以选择 3D 柱形图也不失为一种有趣的可视化方法。

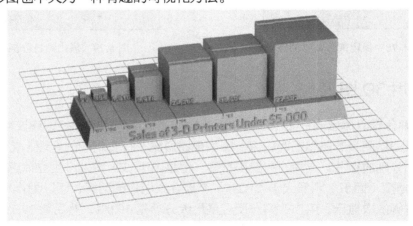

图 5.81 3D 图表的案例

5.3.5 视觉暗示的使用

视觉暗示通常包括长度、面积、体积、角度、弧度、位置、方向、形状和颜色等。5.2.4 节给出了色彩与其他方法综合运用的多个案例。虽然各种方法组合后的种类繁多，但常见的视觉暗示主要包含以下内容，见图 5.82。用户还可以根据数据的特点、用户的差异、作品的主题等综合运用视觉暗示。

---

[22] 作品来自 http://graphics.wsj.com/3Dprinting/#chart。

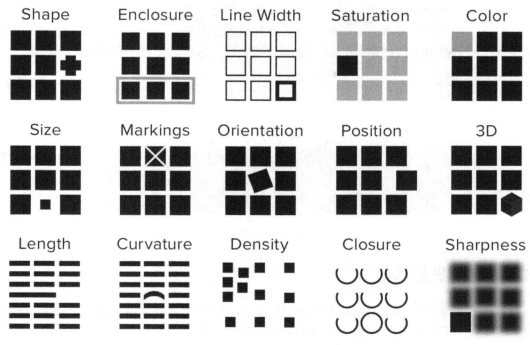

图 5.82　视觉暗示

　　有效的数据可视化可以进入大脑的预先视觉处理过程，从图形、边框、线条宽度、饱和度、色彩、大小、标记、方向、位置、3D、长度、曲度、密度、闭合和清晰度等多个角度运用视觉暗示，让用户"一眼"就可以发现图表中的"特别"之处，也就是作品特别希望用户关注的地方。

5.3.6　整体变个体

　　将一个复杂的图表分解成几个较小的图表是可视化复杂数据的有效方法。图 5.83 的左侧是一个复杂折线图，包含 4 条不同颜色的折线，由于折线交叠，导致视觉混乱。如果把左侧的复杂折线图用右侧的 4 个小图表替代，则显得特别清晰，可以快速感知每条折线的走势。

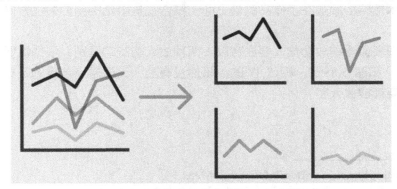

图 5.83　整体变个体 1

　　注意，右侧 4 幅小图的坐标范围和比例必须一致，否则容易造成解码错误。

澎湃美数课的数据新闻"热点城市房租地图"[23]也包含一个类似的例子。这个作品中展示了"北上广深"四个城市近一年每平方米房租的上涨情况。从图5.84可以看出，四座城市按照房租上涨的高低依次排序，分成四个面积图展示，这样远远好于整合在一个图中。

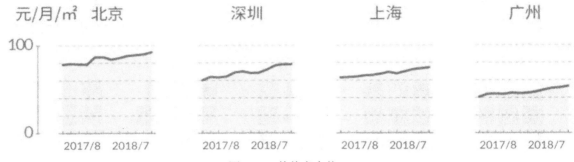

图 5.84　整体变个体 2

5.3.7　交互图表原则

交互图表是动态的，根据用户的选择提供个性化的界面效果。图5.85[24]是纽约时报的一个交互式作品，展示租房好还是买房好的问题（篇幅有限，仅展示了作品的上半部分，原图见本书的配套教学资源）。作品的左侧需要用户根据自己的经济、生活方式等选择合适的数值，右侧会根据用户给出的数据，自动给出租房还是买房的建议，并且显示建议的数据支持。

交互图表的筛选规则越多，数据定位越准确，但容易造成用户的困惑。如在图5.85中，当左侧需要用户做出过多的筛选时，用户会产生疲劳，就好像调查问卷的题目太多，用户容易流失一样。如果多次筛选依旧没有结果出现，用户容易放弃。而且筛选过多，容易让用户产生迷茫或困惑，甚至不记得自己都筛选了什么，筛选的目的是什么。即使当筛选最终结束，右侧显示结果时，用户无法快速理解结果与哪些筛选相关。

当数据多到不适合在一个作品中全部展示时，交互图表是个好选择。大多数交互图表包含的数据较多，在结果呈现上可以将一个复杂的结果用几个相对简单的图表展示，见图5.86[25]（篇幅有限，仅展示了作品的上半部分，原图见本书的配套教学资源）。

用户通过日期的选择，可以看到航线的到达时间、晚点时间和距离三个图表，展示的内容容易理解。本例将结果放在了作品的最上面，符合视觉暗示中用户关注方向是从上到下的规律。

很多交互图表包含缩放功能。要注意以下两种放大功能的区别，根据需要选择合适的方式，见图5.87[26]和图5.88[27]。图5.87的点虽然没有放大，但是点与点的距离被放大了。图5.88的点和距离都被放大了。

[23]　https://www.thepaper.cn/newsDetail_forward_2367552
[24]　http://www.nytimes.com/interactive/2014/upshot/buy-rentcalculator.html?abt=0002&abg=0
[25]　http://square.github.io/crossfilter/
[26]　https://bl.ocks.org/mbostock/3680957
[27]　https://bl.ocks.org/mbostock/3680999

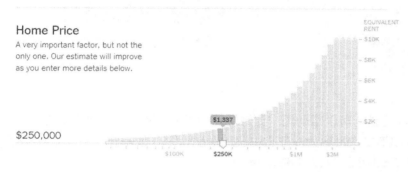

图 5.85　交互图表的筛选规则

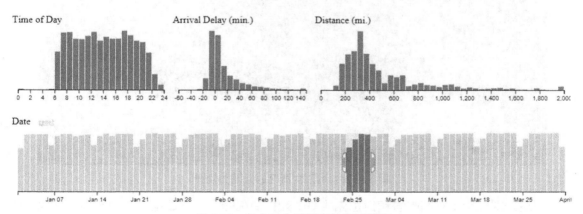

图 5.86　包含三个子图表的交互图表

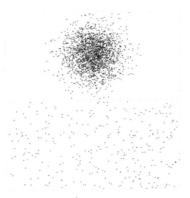

图 5.87　第一种放大效果

图 5.88　第二种放大效果

5.3.8　显示上下文

　　合理地显示上下文数据（标注）可以帮助用户更好地理解图表，图 5.89[28]是《纽约时报》关于越南战争、伊拉克战争和第二次世界大战死亡情况的对比，因人数差异较大，如果没有上下文显示，用户很难理解二战中死亡人数的数量级。

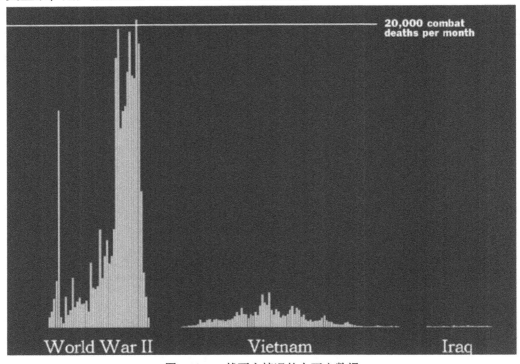

图 5.89　二战死亡情况的上下文数据

　　作品分别显示了越南战争和伊拉克战争中死亡情况的上下文数据，帮助用户更好地理解数据。如果作品没有上下文数据，则用户很难正确解码数量级差异非常大的三组数据，见图 5.90 和图 5.91。

---

[28]　作者 Matthew Ericson，来自《纽约时报》。

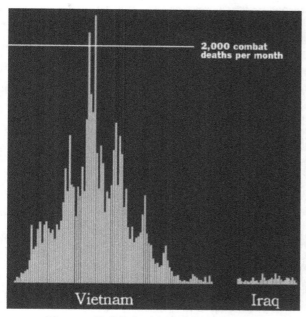

图 5.90　越南战争死亡情况的上下文数据　　　　图 5.91　伊拉克战争死亡情况的上下文数据

5.4　图表可视化的失败案例

发现并总结前人的错误才能避免雷区，让自己的作品更出色（作品原图见本书配套的教学资源）。

1．夸大的西班牙经济增长[29]

这个案例的主题是 2018 年西班牙国内生产总值增长预测，图 5.92 显示出了西班牙增长最高。

可视化作品存在的主要问题如下：

① 颜色单调。仔细查看作品能看出三个图形有颜色差异，但是实在是难以区分，建议选择差异较大的颜色。

② 数据与图形高度不成正比。第一个圆顶柱形图代表 2.3%，第二个代表 2%，但从视觉效果上看，第一个图形的高度是第二个的 3 倍。

③ 三个图形应该是同类数据，而本例中第一个是西班牙，第二个是经济增长，第三个是欧洲地区。

④ 数据不全面。右侧说明是 2017 和 2018 年经济增长的主要发达国家，但图表与说明无法对应，没有包含主要的发达国家，如冰岛、瑞士等。

⑤ X 轴的线型容易吸引用户的注意，建议改为普通的连续直线。

总体来看，建议这个可视化作品重新筛选确定数据，使用合理的柱形图、折线图或条形图展示数据。选择合适的色调，对希望突出显示的西班牙可以用特殊颜色或文字标注。

---

[29]　http://viz.wtf

图 5.92　失败案例 1

2．印度如何吃[30]

这个案例的主题是显示印度各地区的素食者和非素食者的比例，见图 5.93，其中红色是非素食者占比，绿色是素食者占比。

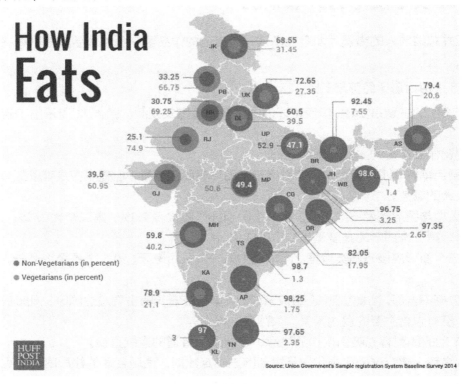

图 5.93　失败案例 2

---

[30]　https://www.huffingtonpost.in

该可视化作品存在的主要问题如下：

① 图表中的数据有整数，有一位小数的，还有两位小数的，建议统一为整数。

② 使用圆形面积显示占比情况，但是用户很难通过面积直观解码出占比的比例。从面积上看，面积与占比不成正比。

③ 有 4 个地区的数据显示圆圈中，白色文字与整体可视化作品不协调，建议选择与其他地区相同的方法，使用引导线标注数据。

④ 有圆圈压住了地区分隔线的情况，如作品右下角的 TS 和 AP 地区缺少分隔线。

⑤ 有缺少数据的地区（作品的上部，在 JK、PB 和 UK 之间）。

总体来看，建议这个作品补全所有地区的数据，数据不能覆盖地图的重要标示线，如地区分隔线，统一所有数据为整数。

3．带薪产假 [31]

这个案例的主题是带薪产假时长，见图 5.94。可视化作品存在的主要问题如下：

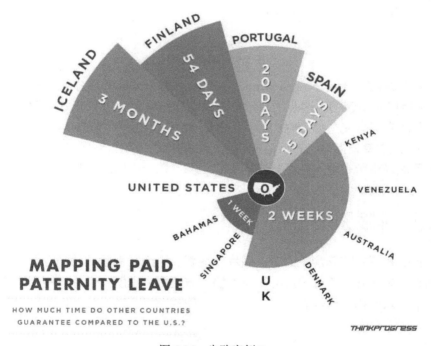

图 5.94　失败案例 3

① 美国没有带薪产假，却将数字"0"显示在了图表的中心，因为与其他数字放置的位置不同，用户需要花时间找到这个数字"0"。

② 从图表上看，英国、丹麦、澳大利亚、委内瑞拉和肯尼亚好像是一个国家，因为这 5个国家之间没有分隔线，虽然作品的本意是呈现这 5 个国家的带薪产假都是"2 周"。同样的问题出现在巴哈马和新加坡。

③ 图形的面积、角度均与产假时长不成正例。

④ 巴哈马和新加坡两个国家的颜色与英国、丹麦、澳大利亚、委内瑞拉和肯尼亚 5 个国

[31]　https://visual.ly/community/infographic/lifestyle/christmas-and-new-year-holidays-around-world

家的颜色都是红色调，相近的色调造成区分困难。

⑤ 建议带薪产假时长的单位相同，方便用户理解和对比。

这个案例使用柱形图或条形图的效果会更好，建议使用不太鲜艳的颜色，用天（DAYS）作为时长单位比较合适。

4. 卡纳塔克邦曼迪亚地区的社会指标 [32]

本案例以条形图的形式展示了性别比、女性识字率、劳动力中的女性比例和孕产妇死亡率，见图 5.95，存在的主要问题如下：

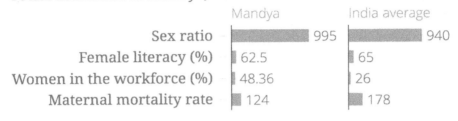

图 5.95　失败案例 4

① 用户首次看到"性别比（Sex ratio）"会以为是小于 1 的百分数，案例显示的 995 和 940 会让普通用户非常迷惑。这两个显示在图表中的整数会让用户产生 995%或 124%的错误理解。"995"的实际含义是每 1000 名男性对应 995 名女性。

② 孕产妇死亡率是指每十万例活产中孕产妇的死亡人数，问题同上。

这个作品最好将所有数据以百分比的形式呈现，统一小数点位数。

5.5　设计排版原则

设计排版是将所有的元素（文字、图片、图表、声音、视频和动画等）整合成一个可视化作品。优秀的排版必须符合用户的视觉习惯，方便用户理解。设计排版需要注意顺序、标注、分组、动画效果和赋形等。

5.5.1　顺序

大部分用户浏览作品的顺序是从上到下、从左到右，所以要将最重要的内容放在左侧和上面。

澎湃美数课作品"三万分先生是怎么炼成的"见图 5.96 [33]（因版面原因仅显示了作品的一部分），其数据量非常大，仅以一位球员为例，说明作品的主要数据如下。

① 右上角包含了该球员曾效力的十家球队的名称。

---

[32]　https://scroll.in

[33]　作品已经下线，本图来自澎湃美术课编辑，见本书配套的教学资源。

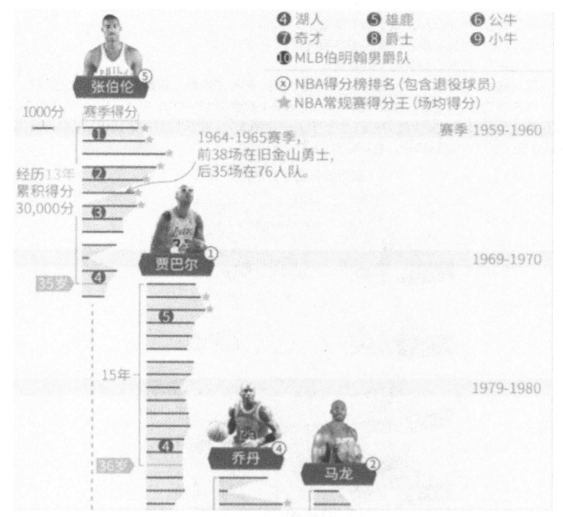

图 5.96 三万分先生是怎么炼成的

② 显示 NBA 得分榜名次。如球员"张伯伦"在其名字的右上角有个数字"⑤",表示其在 NBA 得分榜上名列第 5。

③ "赛季得分"下面的每条横线代表一个赛季,若年份后面有金色的"星号",表示球员"张伯伦"在该赛季是"NBA 常规赛得分王(场均得分)"。

④ 球员"张伯伦"在第 6 年分属于两个不同的球队,用指引线做了标注说明。

⑤ 球员"张伯伦"在第 13 赛季累计得到了 3 万分,用金色的线条突出显示,并做出了标注。

⑥ 其第 13 赛季也用金色标注了球员"张伯伦"的年龄"35 岁"。

⑦ 右侧显示了赛季数据"赛季 1959—1960"。

作品的数据量虽然很大,但很多问题无法快速回答,如哪位球员得分最多?某位球员在哪年得到了第 3 万分?大量的数据意味着数据消化缓慢,甚至导致用户流失。

所有的数据都需要视觉编码吗?如何修改这个案例呢?第 2 版见图 5.96 [34](因版面原因

---

[34] https://www.thepaper.cn/newsDetail_forward_1636759

仅显示了作品的一部分），做了如下修改。

① 以总分为视觉线索，看图顺序明确化。

② 去掉"所效力的队名"的数据。

③ 得到 3 万分的"所用的时间""年龄"和"得分王次数"等数据不使用视觉编码。

修改后的作品，按总分降序排列了 7 位球员（截至 2017—2018 赛季，NBA 创立的 71 年间仅有 7 位球员的职业生涯得分超过 3 万分），见图 5.97。位列榜首的是贾巴尔，总得分高达 38387 分，第 7 位是詹姆斯，总得分是 30021 分。

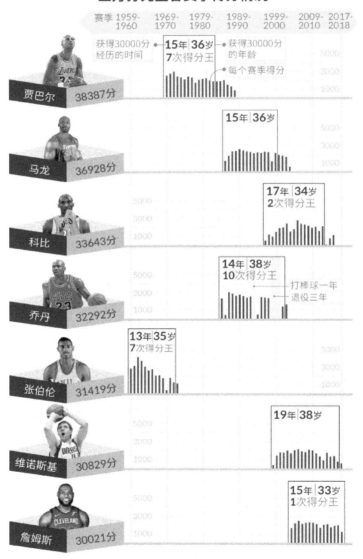

图 5.97　NBA 三万分先生画像

作品的 X 轴显示的是赛季。方便用户理解每位球员获得 3 万分的具体时间。每位球员除了姓名和分数，还包括获得三万分的年龄、参加 NBA 的时间和每个赛季的得分情况。修改后的作品清晰明了，符合用户的阅读习惯。

5.5.2 标注

用户最容易理解的图表类型是饼图、柱形图和折线图。但有些数据使用这三类图表效果并不理想，可以考虑使用其他类型的图表，为了方便用户理解作品，可以适当添加标注说明图表。

澎湃作品"数说婚姻那些事儿"[35]使用堆叠柱形图展示我国各省、市和自治区的平均结婚年龄占比情况，见图 5.98（因版面原因仅显示了作品的一部分）。作品首先使用标注说明了堆叠柱形图各部分的含义，如 5 种颜色分别代表的年龄段，X 轴是 2005—2015 年，Y 轴是百分比，方便用户理解后面的堆叠柱形图。在其他需要使用标注的地方将重点文字使用颜色突出显示，便于用户抓住大段文字的重点。

2005—2015 年居民结婚年龄

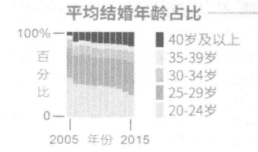

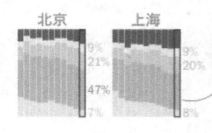

图 5.98　数说婚姻那些事儿

5.5.3 动画效果

动画效果适合展示有变化规律、有一定趋势或者随时间发展的故事。作品"Out of Sight, Out of Mind."展示了 2004 年至 2015 年巴基斯坦所有已知的无人机袭击和受害者的故事，见图 5.90 [36]。

自 2004 年以来，无人机袭击已经在巴基斯坦造成 3341 人死亡，仅有不到 2%的受害者是备受瞩目的，其余受害者都是平民、儿童和"所谓"的战斗人员。

---

[35]　https://www.thepaper.cn/newsDetail_forward_1787209
[36]　http://drones.pitchinteractive.com/

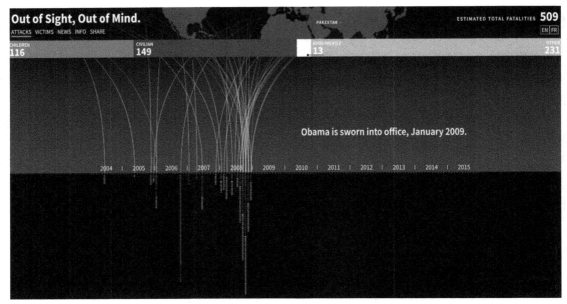

图 5.99　"Out of Sight, Out of Mind." 初始动图

作品中的每条曲线对应一次袭击，X 轴年份下面的小横线代表一条生命的离去，亮红色代表儿童，暗红色代表平民（原图见本书提供的下载资源）。这种动画效果展现了一系列无法被忽略的事实，让用户感到深深的震撼，久久不能忘怀。

作品的动画效果是按照时间的顺序动态展示每次袭击（一条曲线），视觉冲击力强。这种动画效果是一种具有说服力的传达数据的方式，而且具有很强的故事性。

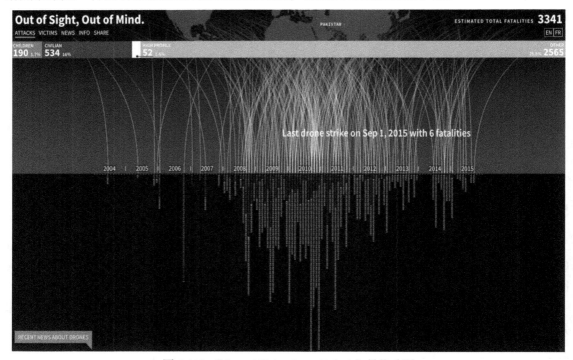

图 5.100　"Out of Sight, Out of Mind." 最终动图

5.5.4 分组

很多需要对比的数据放在一张图表中会显得非常混乱，可以将数据分组或分颜色显示。

作品 "How popular/unpopular is Donald Trump"[37]中包含特朗普与前几任美国总统支持率、反对率的对比，见图 5.101（因版面原因仅列出了作品的一部分）。作品按时间倒序选取了 12 位美国总统与特朗普总统比较，如果 13 位美国总统放在一个图表中，13 条折线图将出现"毛线"效果，如果分组显示，则清晰明朗。

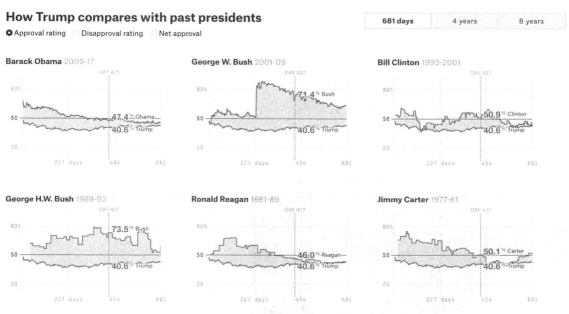

图 5.101　作品 "How popular/unpopular is Donald Trump"

作品 "Forecasting the race for the Senate"[38]是预测美国参议院的竞选情况，见图 5.102（因版面原因仅列出了作品的一部分）。作品在展示美国"35 个参议院席位"预测时，对 35 个席位大而化小，分 7 种情况分别列举，并用颜色做了共和党（红色）和民主党（蓝色）的区分。这种分组的方法非常清晰展示了 35 个席位的组成。

5.5.5 赋形

形状非常容易吸引用户，图 5.103[39]把伊拉克死亡人数的柱状图倒置，红色图形像流淌的血一样，右侧是正常的柱形图。对比两图可以发现，左侧倒置的红色柱形图因为形状更让人惊心动魄。

[37]　https://projects.fivethirtyeight.com/trump-approval-ratings/voters/
[38]　https://projects.fivethirtyeight.com/2018-midterm-election-forecast/senate/?ex_cid=irpromo
[39]　https://www.scmp.com/infographics/article/1284683/iraqs-bloody-toll

Our forecast for every Senate seat

The chance of winning for each candidate in the 35 Senate elections taking place in 2018, as well as the controlling party for the 65 seats not on the ballot this cycle.

The balance of power

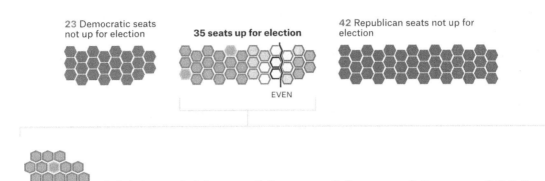

图 5.102　作品"Forecasting the race for the Senate"

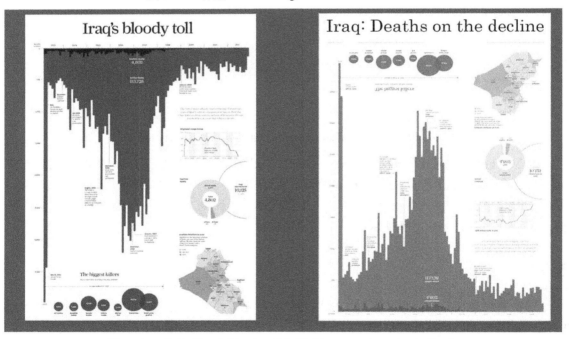

图 5.103　作品"Iraq's bloody toll"和"Iraq: Death on the decline"

小　结

本章首先介绍了图表的种类及各类图表的设计原则，然后说明色彩暗示在数据可视化中的重要作用，使用案例介绍图表可视化原则，通过 4 个图表可视化失败的案例总结了数据可视化过程中易犯的错误，最后从顺序、标注、分组、动画效果和赋形 5 个角度举例说明排版设计原则。

　　建议读者根据个人的基础和兴趣，选学颜色的相关知识，如 HSB 颜色模型、LAB 颜色模型和互补色等。

习 题 5

1．列举常见的图表的种类。
2．柱形图的设计建议有哪些？
3．简述图表可视化的原则。
4．简述数据可视化过程中设计排版的原则。

第6章 数据可视化工具

传统思维认为，数据可视化主要服务于统计学家、软件开发设计师、图形设计师等，在大数据和计算机发展迅猛的今天，数据可视化可以应用在各行各业。例如，交通领域的"智慧交通"，可视化后的交通数据显示城市拥堵情况，方便用户出行；公安领域可视化警务系统，可以提升警务效率，全方位进行公安日常监测与协调管理，提升应急管理能力；电力电网行业的可视化智能电网，实现全维度实时监测、预警、调度和智能化资源配置；网络安全领域可视化将抽象的网络和系统数据以动态图表效果呈现，快速识别网络异常和入侵；在媒体行业，数据新闻是可视化的典型应用，可以帮助读者理解晦涩的数据，提升点击率和阅读量。

可视化过程一般包含如下 5 个步骤。

<1> 数据搜索和获取，主要工作是获得最新的权威数据，主要工具有 Scraping、Document requests、CSV、API 和 Cron 等。

<2> 数据清洗，主要包括 Python、OpenRefine 和 Trifacta 等工具。

<3> 数据分析，包括 Excel、R、Python、Statistics 和 SQL 等工具。

<4> 绘制，包括地图制作工具 QGIS、ArcGIS、Leaflet、shapefiles、CARTO、Geohey 和 Geocoding 等，可视化工具 Tableau、D3、ECharts 和 Adobe Illustrator 等。

<5> 检查和网络发布，包括网络应用工具 Django、Ruby on Rails、Flask 和 SQL 等。

本章主要研究第 4 步，解决绘制的问题。

当用户获取并清洗数据后，为了更清晰、有效地传达其表达的概念和意义，需要可视化数据，尤其是可视化数据中的数据。可视化是将大量相关数据以便于用户理解的图形或图像形式呈现，并尝试使用工具发现数据中未知的数据或规律。可视化数据与数据图形、数据可视化、科学可视化以及统计图形密切相关，需要多种技能才能做好可视化。

本章将讲解 7 种常用的数据可视化工具，包括：信息图制作工具，初级工具 DataWrapper，复杂网络分析工具 Gephi、地图制作工具 QGIS、动图制作工具 Gapminder，高级工具纯 JavaScript 图表库 ECharts、无代码商业智能可视化工具 Tableau Desktop。本章最后简要介绍 Python 和 R 的可视化运用。

6.1 信息图制作工具

早期的信息图主要使用 Adobe Illustrator 和 Adobe Photoshop 制作，对技术和美术的要求较高，随着各行各业对信息图需求的增加，信息图模板工具应运而生，用户只需要选择模板，使用工具提供的内容，或者上传自己的图表元素，就可以制作出专业的信息图表。

信息图制作工具的特点是以制作静态数据图为主，输出以图片格式和 PDF 格式为主，入门容易，但个性化程度相对较低。常见的信息图制作工具如下。

1．Canva[1]

在线设计平台 Canva 始创于 2012 年，是一款多终端、多平台（Web、Mobile、Mac 和 Windows）的在线平面设计软件。2018 年 8 月 15 日，Canva 面向中国市场推出中文版产品，极大方便了中国用户。Canva 提供图片素材和设计模板，通过简单的拖曳操作就可以设计出海报、横幅、名片、数据图表、邀请函等设计图。信息图表有非常多的模板，见图 6.1。

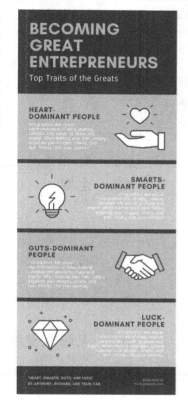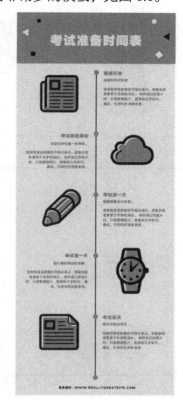

图 6.1　Canva

Canva 的操作主要分为以下 4 个步骤。

<1> 从海量库中添加图形元素如图标、插图和版权图片，也可以上传自己的图片。

<2> 更改颜色、字型和背景图片等信息。

<3> 在数据图中添加个性化信息。

<4> 下载、打印或者分享信息图。

2．创客贴[2]

创客贴也是一个在线信息图工具，上手简单，易操作，模板、图片和字体大部分免费，支持上传素材、下载作品，如微信配图（见图 6.2）、简单的信息可视化图表（见图 6.3），还可以制作插画、广告等。

---

[1]　https://www.canva.cn

[2]　https://www.chuangkit.com

图 6.2　创客贴-微信配图

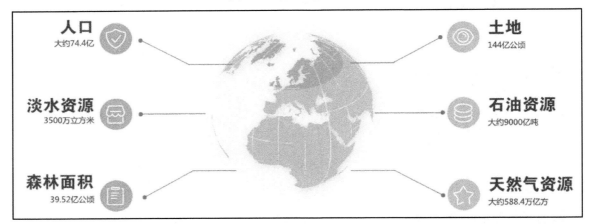

图 6.3　创客贴-信息图

3．Infogr.am[3]

Infogr.am 是一款经典的在线图表制作工具，其最大亮点是支持数据实时刷新，在线制作的图表可在多个终端显示。用户可免费使用多种组合图表样式（如果付费，模板会更多），作品可以下载为 PNG、JPG、PDF 或 GIF 格式。例如，图 6.4 和图 6.5 的仪表板包含两张图表。

2017 年 5 月，演示文稿编辑器 Prezi 收购了 Infogram 公司，Infogram 的数据可视化功能被集成到了 Prezi 中，使用 Prezi 制作演示文稿时可以直接插入 Infogram 的数据图表。截至目前，Infogram 虽然可以包含中文内容，但其界面无法设置为中文。

类似的在线信息图制作工具还有 Visual.ly[4]、Statsilk[5]、venngage[6]和 plotdb[7]等，但是连接速度都不太理想。

---

[3]　https://infogram.com
[4]　http://visual.ly
[5]　http://www.statsilk.com
[6]　https://venngage.com
[7]　https://plotdb.com

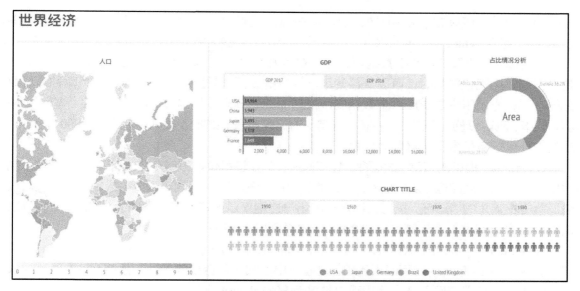

图 6.4　Infogram-仪表板 1

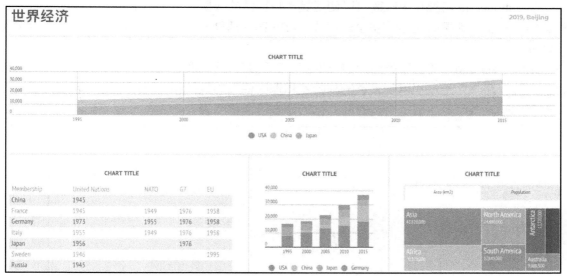

图 6.5　Infogram-仪表板 2

6.2　可视化工具 Gapminder

　　Gapminder 是瑞士 Gapminder 基金会开发的一个可视化统计软件，2007 年 3 月被 Google 收购，可以把世界银行[8]提供的有关国家和地区的晦涩数据绘制成漂亮的可视化动图。创办者 Hans Rosling 在 TED[9]有介绍这个网站的演讲，还有其他关于网站使用和发展的视频可以浏览。

---

[8]　https://data.worldbank.org

[9]　https://www.ted.com/talks/hans_rosling_shows_the_best_stats_you_ve_ever_seen

Gapminder 可以在线使用 [10]，也可以去官方网站 [11] 下载线下应用（Gapminder Tools Offline），包含 Windows、Mac 和 Linux 三个版本，安装文件 85 MB 左右，小巧且安装简单。

Gapminder 提供了 519 个数据集，可以在官方网站 [12] 下载，免费使用，而且无论线上还是线下制作可视化作品时都可以直接使用其提供的数据，都提供数据查找和分类两种筛选数据的方式，方便用户在 500 余个数据集中找到需要的数据。数据包括经济、教育、能源、环境、健康、基础设施、人口、社会和工作等，时间跨度长，如收入数据集包含从 1800 年至今，超过 200 年的各国家和地区收入数据。

Gapminder 提供的气泡图非常漂亮。例如，通过动画效果显示从 1800 年至今各国家（或地区）的动态发展图像，X 轴是收入，Y 轴是寿命，气泡的大小代表国家（或地区）的人口数量。单击左下角的"运行"按钮，将自动按年份递增显示图表效果。从图 6.6 和图 6.7 中可以清晰看出寿命和收入逐年增加，如 2018 年的寿命均比 1800 年的高得多。

Gapminder 可以导出位图 PNG、SVG（Scalable Vector Graphics，可缩放的矢量图形）格式，或链接，或 <iframe> 网页嵌入代码。这些导出格式非常容易与其他工具结合，如图片插入其他数据图、链接或网页嵌入代码可以粘贴到其他 Web 页面发布。

Gapminder 的可视化图表既可以使用其本身提供的数据，也可以上传外来数据，而且上传数据非常快。其帮助文档 [13] 包含幻灯片、PDF 图文帮助文档、操作实验（含数据和步骤）、视频等。

虽然 Gapminder 的图表类型只有气泡图、面积图、折线图、地图和排序条图 5 种，但其特别之处有两个：一是提供了大量的与国家和地区相关的数据集，且逐年更新数据；二是不需编写代码，就可以生成一个按时间变化的动态可视化图表。

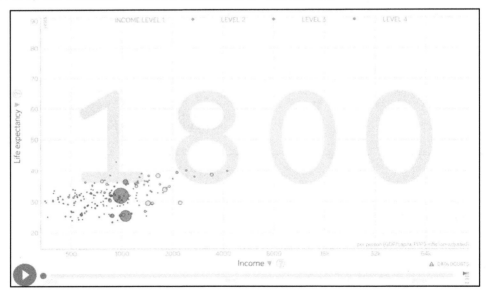

图 6.6　Gapminder-气泡图：人口、寿命与收入（1800 年）

[10]　https://www.gapminder.org
[11]　https://www.gapminder.org/tools-offline
[12]　https://www.gapminder.org/data
[13]　https://www.gapminder.org/for-teachers

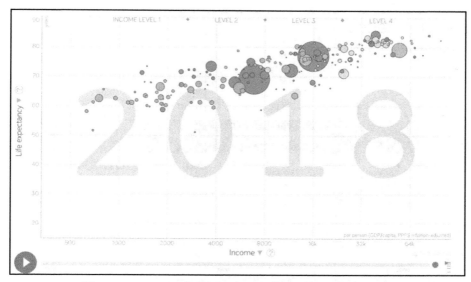

图 6.7　Gapminder-气泡图：人口、寿命与收入（2018 年）

6.3　可视化工具 DataWrapper

DataWrapper [14]是一个开源工具，由 Journalism++ Cologne 开发，上手容易，界面简洁，可以方便、快捷地可视化数据。因为它是开源的，所以任何人都可以贡献代码，软件在不断更新和改进。DataWrapper 有一个非常棒的图表库[15]，用户可以分享自己的作品，浏览他人的作品，便于用户之间互相学习。DataWrapper 包含多种类型的账号，费用不同，提供的功能亦不同，见图 6.8。

DataWrapper 更适合制作可视化图表和地图，而非静态数据图。普通非专业用户可以选择免费版本，只是所有的作品都包含"Created with DataWrapper"的来源显示，并且无法导出 PNG 或 PDF 格式，包含的图表设置也不全面，但可以将作品的链接或者嵌入式代码导出，就能方便地与其他多媒体元素整合，并发布到网络上。DataWrapper 对教育工作者或者供学生使用的学校实验室均提供免费且功能全面的版本。

DataWrapper 可视化数据包含 6 个步骤：获取数据 → 登录 DataWrapper → 粘贴数据或上传 CSV 电子表格文件 → DataWrapper 将数据转成表格 → 选择可视化数据图表类型 → 复制粘贴代码，并发布图表。

案例 1：制作可视化图表

<1> 获取数据。

<2> 登录 DataWrapper。打开官网 https://www.datawrapper.de，注册账号后登录，见图 6.9。该账号显示最近制作的草图和发布的作品。

<3> 单击导航栏的"New Chart"或"Create new Chart"按钮，开始制作图表。先将获取的数据拖动到右侧的空白区，也可以单击"或者上传一个 CSV 文件"按钮来选择数据。

---

[14]　https://www.datawrapper.de
[15]　https://www.datawrapper.de/gallery

All plans & packages

Upgrade your account to publish even better charts and maps.

	Basic	Single	Team	Custom	Enterprise
	Free	29€/mo	99€/mo	499€/mo	Contact Us
User type	Just want to try	Use daily	Professional use in a team	Full solution with custom branding	
Users	1	1	10	50	Fully customized solution with custom maps, print-export & CMS integration.
Locator maps / mo.	1	3	10	Unlimited	
Chart views / mo.	10,000	Unlimited	Unlimited	Unlimited	
Export as PNG, PDF		✔	✔	✔	
Full chart styling customization (fonts, colors, etc.)				✔	
Print-ready CMYK vector export				Available as add-on (+299€ / mo.)	
Cancellation policy		Cancel anytime, your charts always stay online.			

图 6.8　DataWrapper 账户种类、费用及功能

图 6.9　账号界面

DataWrapper 仅支持 TXT、CSV 和 TSV 三种数据格式。如果没有数据，也可以单击左下方的"Select a sample dataset"下拉列表，选择工具自带的示例数据（不同的示例数据适合不同的图表类型），单击"上传并继续"按钮。本例选择的示例数据是"How the iPhone Shaped Apple"，见图 6.10。

图 6.10 案例 1 的上传数据

<4> 检查并描述。DataWrapper 会将数据转成表格，用户可以快速了解预处理的效果，资料上传后，用户可以浏览数据解析是否正确，见图 6.11；同时可以对数据显示方式进行个性化处理，如单击列头右侧的小方块，使该列处于选中状态，在左侧可以修改数值或数据列的格式调整，见图 6.11；也可以隐藏某列，见图 6.12，或者转置数据，见图 6.13。

<5> 选择可视化数据图表类型。单击 "Chart type" 选项卡中的任何一种图形种类，在右侧将显示对应的图表效果，见图 6.14。"Refine" 选项卡设置 X 轴和 Y 轴的相关数据、线条格式等。"Annotate" 选项卡设置图表标题、描述数据、数据名字、数据来源 URL、图例位置，还可以设置一个或多个高亮区域的颜色和亮度，见图 6.15。图表右下角的"缩放至"用于设置图表的像素值，即设置图表的大小。

图 6.11 案例 1 的检查并描述

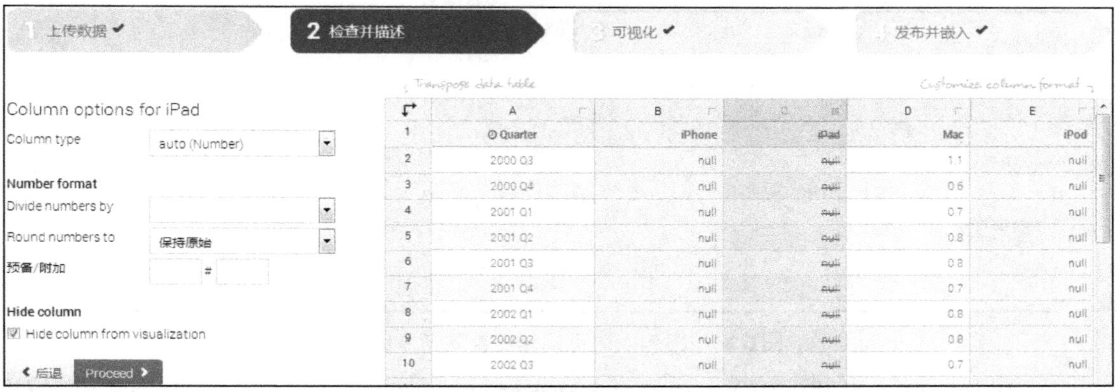

图 6.12 案例 1 的隐藏列

图 6.13　案例 1 的转置数据

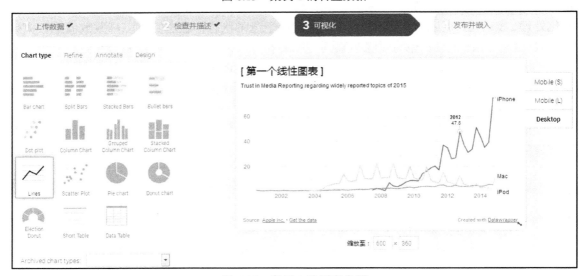

图 6.14　案例 1 的图表类型

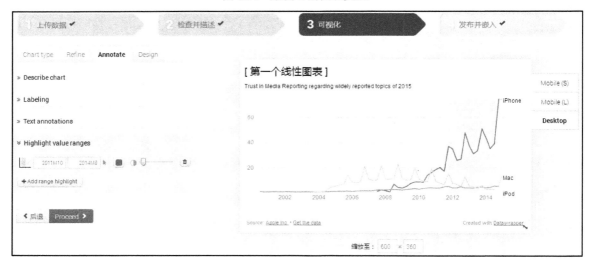

图 6.15　案例 1 的可视化设置高亮显示区域

<6> 发布图表。此步骤用于查看发布的图表效果，见图 6.16。如果需要将图表嵌入网页

或者 CMS（Content Management System，内容管理系统），则单击左侧的"Embed chart on website"，显示嵌入式源代码和 iFrame 代码，见图 6.17。

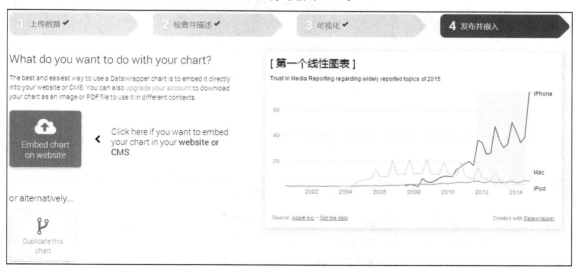

图 6.16　案例 1 的发布并嵌入

图 6.17　案例 1 嵌入代码的获取

案例 2：制作可视化地图

<1> 获取数据，见配套资源。

<2> 登录 DataWrapper。

<3> 单击"New Map"开始制作数据地图。地图分为"Choropleth map（等值线地图，也称热力地图）""Symbol map（符号地图）"和"Locator map（位置地图）"3 种。本例选择"Symbol map"，数据包含欧洲 20 个国家的购买力和网速，所以选择"Europe"地图，见图 6.18。

图 6.18　案例 2 选择地图

<4> 添加数据。单击 "Add your data" 页面的 "Import your dataset" 按钮。本例中每条记录使用国家（或地区）名表示其地理位置，所以选择 "ADDRESSES/PLACE NAMES"，若数据不包含国家（或地区）名，而是采用经纬度表示国家（或地区）地理位置，则选择 "LATITUDES/LONGITUDES"，见图 6.19。

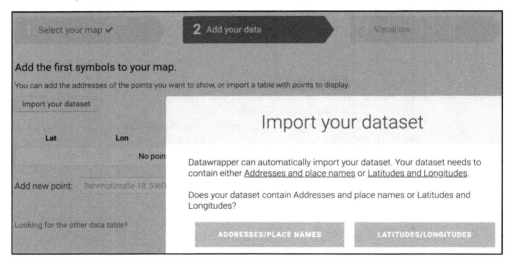

图 6.19　设置地理信息

然后可以手动一行一行录入数据或手动粘贴数据，最好的办法是直接上传数据文件。本例选择后者（上传数据文件 "data-案例 2.csv"）。在 "Match your columns" 中单击 "Country" 列，使其显示为蓝色，表示此列包含地址信息，见图 6.20。勾选 "First row as caption" 表示第一行是列头，非具体数据。单击 "NEXT" 按钮。

添加数据后的效果见图 6.21。

<5> "Visualize" 中包含 "Refine" "Annotate" 和 "Design" 三个选项卡，可以设置外观、簇集等效果，见图 6.22，然后可以发布并嵌入地图。"River" 板块[16]类似一个共享数据库，用户之间可以免费交换各类图表数据，简化数据获取路径，也增强了传播效率，见图 6.23。

---

[16]　https://river.datawrapper.de

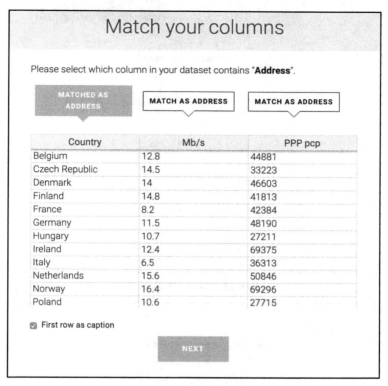

图 6.20　案例 2 导入 CSV 数据

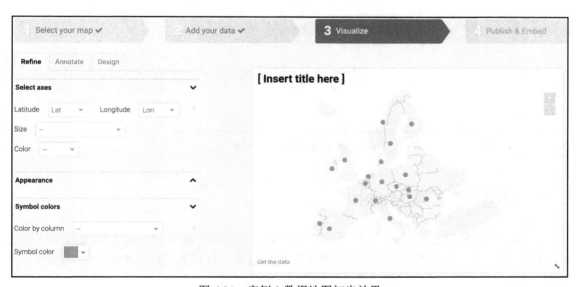

图 6.21　案例 2 数据地图初步效果

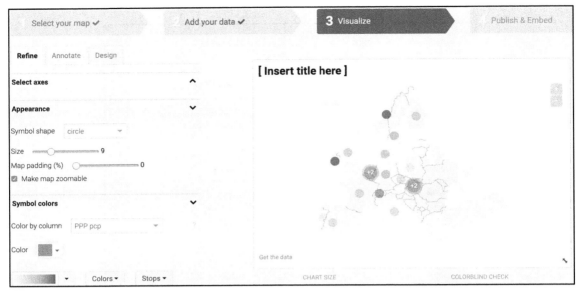

图 6.22　案例 2 发布效果

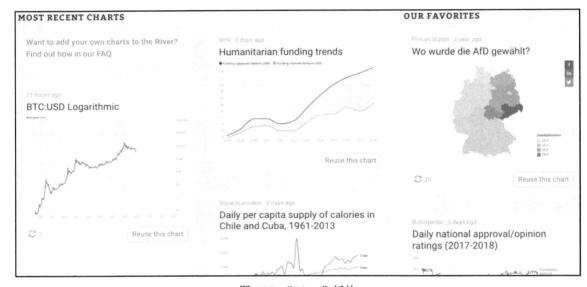

图 6.23　"River" 板块

6.4　可视化工具 Gephi

　　Gephi 是一款开源、免费、跨平台、基于 JVM（Java Virtual Machine，Java 虚拟机）的复杂网络分析软件，主要用于可视化关系网络和复杂系统。任何人均可以编写个性化插件，开发新功能。

　　Gephi 基于图论（Graph Theory）算法实现。在使用 Gephi 前，读者需要理解图论的基础知识。图论将任何事物用图（网络）表示，节点（Nodes）表示事物，边（Edges）表示事物间的关系。

图 6.24 中包含 5 个节点，6 条边，边是没有方向的称为无向图，而图 6.25 是有向图。

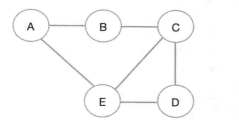

图 6.24　无向图

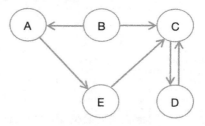

图 6.25　有向图

每个节点都有度（Degree）。无向图中节点的度是连接到该节点的边的数量。如图 6.24 中节点 E 的度是 3，节点 A 的度是 2。有向图中节点的度分为入度和出度两种，度是入度和出度之和。如图 6.25 中节点 C 的入度是 3，出度是 1，度是 4；节点 A 的出度和入度均是 1，度是 2。

权（Weight）是图中边的附加数据，用于说明边的某种特征的数据，如费用，见图 6.26。注意，一般情况下，权值与边的长度并不成正比。

判断同构（Isomorphic）图最简单有效的方法是节点个数、节点的度、节点与其他节点的边是否一致。如图 6.24 中节点 C 的度是 3，对应的 3 条边是 CB、CD 和 CE。图 6.27 中的 C 节点的度也是 3，对应的 3 条边也是 CB、CD 和 CE，按照这种方法遍历每个节点，若都相同，则为同构图。例如，图 6.27 是图 6.24 的同构图。

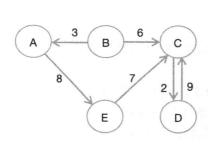

图 6.26　有权图

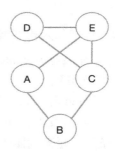

图 6.27　同构图

平均度（Average Degree）是表示网络图中所有节点度的总和除以节点数。如图 6.24 的平均度是(2+2+3+2+3) / 5 = 2.4，也可以理解为平均度= 2×边数÷节点数 = 2×6÷5 = 2.4。

Gephi 根据操作系统下载[17]后，Mac 系统的安装最简单，Windows 和 Linux 操作系统需要 Java [18]的支持，具体的安装方法可以去 Gephi 安装页面 [19]查看。

首次使用 Gephi 最好安装一些常用插件，如选择"工具|插件"菜单命令，在"可用插件"选项卡中选择安装 "Convert Excel and csv files to networks" 插件，然后单击 "安装" 按钮。插件需要下载后安装（由于网速的原因，下载可能需要一些时间）。这个插件的功能是转换 Excel 和 CSV 文件，帮助用户将 XLS 和 CSV 文件导入 Gephi。单击 "检查更新" 按钮，可以更新可用插件，见图 6.28。

---

[17]　https://gephi.org/users/download
[18]　https://www.java.com/zh_CN/download
[19]　https://gephi.org/users/install

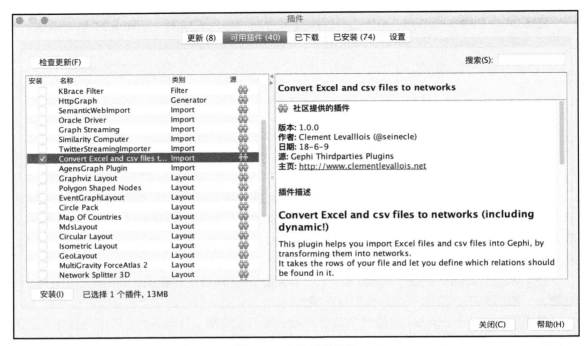

图 6.28　安装可用插件

Gephi 的网络可视化主要包括以下步骤：文件导入→布局→可视化操作→统计→排序→筛选→预览→导出等。

案例 3：可视化人物网络关系

本例使用的 LesMiserables.gexf 数据集[20]取自法国作家雨果的小说《悲惨世界》中的人物关系网（见配套资源）。

<1> 打开 Gephi。选择"文件|打开"菜单命令，选择文件"LesMiserables.gexf"后单击"确定"按钮，打开文件，弹出"输入报告"对话框（见图 6.29），可以看到数据集包含 77 个节点、254 条边，是无向图的数据。打开的初始网络图效果见图 6.30。

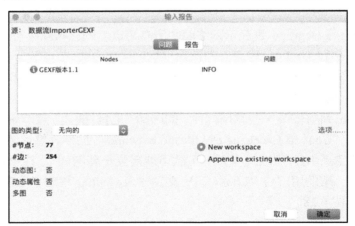

图 6.29　输入报告

---

[20]　http://gephi.org/datasets/LesMiserables.gexf

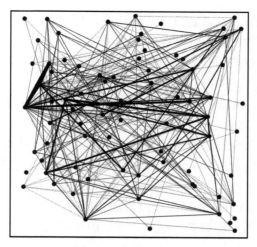

图 6.30　初始网络图

文件类型 GEXF（Graph Exchange XML Format）是 Gephi 于 2007 年提出的文件格式，既包含数据，也包含数据组成的复杂网络结构。Gephi 可以识别的文件类型包括 GEXF、GraphML、Pajek NET、GDF、GML、Tulip TLP、CSV 和 ZIP 等。

<2> 布局。使用鼠标左键可以缩放网络图，如果网络图放大后难以在窗口中定位，可以单击"图中心"按钮，让网络图归位。鼠标右键用于拖曳移动网络图的位置。

布局方式共 12 种，见图 6.31。每种布局都是一种算法，选择"Force Atlas"（力导向）后单击"运行"按钮，可以查看网络图效果，见图 6.32。

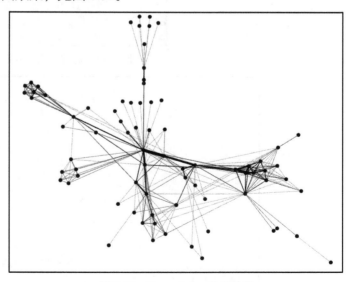

图 6.31　设置布局参数　　　　　　　　图 6.32　Force Atlas 布局效果

力导向算法的布局参数说明如下。

惯性：设置每个新传递节点的速度保护。

斥力强度：设置每个节点排斥其他节点的强度，该值影响节点间的距离。

吸引强度：设置每对连接节点相互吸引的强度。

最大位移量：限制每个节点的最大位移值，避免节点太近。

自动稳定功能：勾选后，则开启自动稳定功能，防止节点闪变。

自动稳定强度：增加数值可以让节点移动的更缓慢。

自动稳定敏感性：设置抗闪变的自适应能力，提高布局的衔接。

重力：将所有节点吸引到中心，以避免断开的部件分散。

吸引力分布：勾选后，表示在外围推动中心（高数量的输出链接），并将权威（高数量的输入链接）放在更中心的位置。

由尺寸调整：设置在布局时是否考虑节点大小，避免节点重叠。

速度：设置每个节点的速度，从而计算每个节点应当移动的距离。

布局选项前 6 种是主要布局，后 6 种是辅助布局，其中力导向算法（Force Atlas 和 Force Atlas 2）、Rotate 布局和 Yifan Hu 布局是最常用的布局方式。

<3> 可视化操作，设置节点颜色。选择"度"渲染方式，设置颜色，见图 6.33，效果见图 6.34。

图 6.33　设置节点颜色

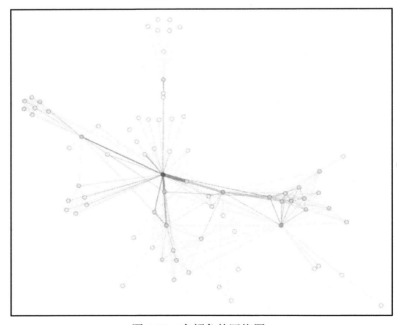

图 6.34　有颜色的网络图

<4> 统计并设置节点大小。运行"平均路径长度""网络直径"等进行计算，见图 6.35，并根据计算结果设置节点的大小，见图 6.36。

图 6.35　统计结果

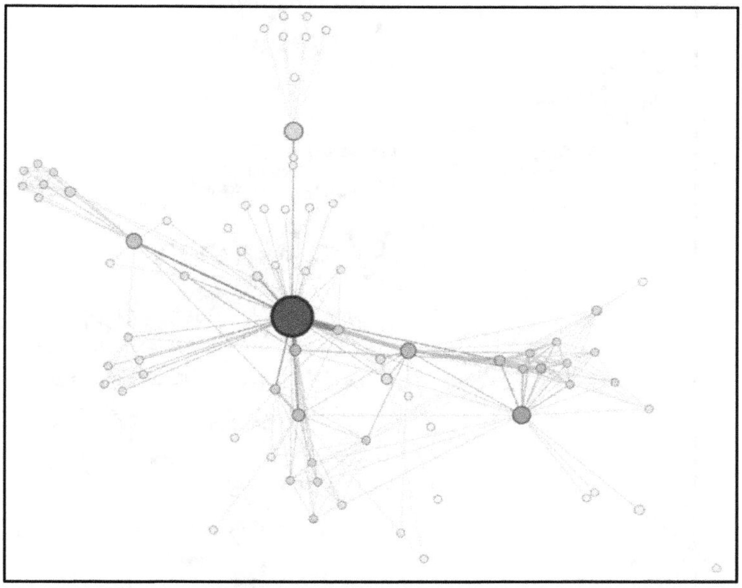

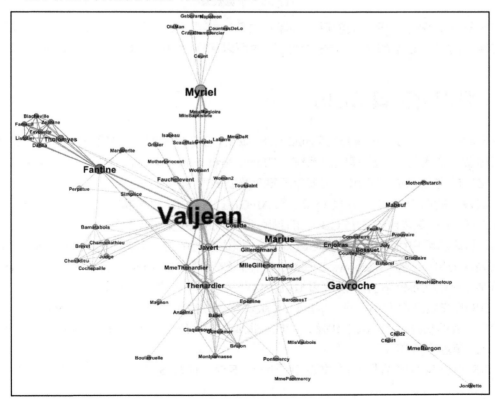

图 6.36　节点大小不同的网络图

<5> 显示标签、分割和筛选。效果见 6.37。

图 6.37　显示标签

<6> 预览。效果见 6.38。

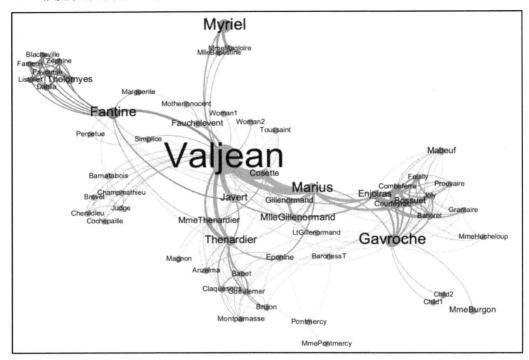

图 6.38　预览效果

<7> 导出，保存为图片或项目。选择"文件|保存"菜单命令，将项目保存为 GEXF 文件，文件中封装了数据和结果。在"预览"时可以保存为 PDF、PNG 和 SVG 文件。

6.5　可视化工具 QGIS

地理数据系统（Geographic Information System，GIS）软件以前仅限于专业人士使用，如地理和地质工作者等，从全球定位系统（Global Positioning System，GPS）服务普及后，GIS软件开始在非专业领域中应用，主要用于地理数据的可视化。

比较著名的两个 GIS 工具是 QGIS 和 ArcGIS。ArcGIS 功能非常强大，但安装包非常大（如 ArcGIS 10 的安装包约 3.75 GB），而且购买 ArcGIS 的费用也非常贵，价格在几万到几十万之间，非普通用户可以承受。ArcGIS 对 Mac 操作系统的支持较差，需要使用 Boot Camp 在Mac 的硬盘分区中安装 Windows Desktop 操作系统后再安装 ArcGIS，或者在 Mac 操作系统内使用 Windows Desktop 操作系统虚拟机，这两种安装方法都比较麻烦。

QGIS 的安装文件要小得多，Windows 版本约 500 MB，Mac 版本约 250 MB，不需授权，免费使用，虽然功能没有 ArcGIS 强大，但对非地理和地质专业的普通用户来说，完全可以满足日常工作和生活的需要。

QGIS 英文官方网站 [21]和中文页面 [22]均可下载，包含 5 个版本，分别对应 Windows、

---

[21]　https://www.qgis.org/en/site/forusers/download.html

[22]　https://www.qgis.org/zh_CN/site/forusers/download.html

Mac OS X、Linux、BSD 和 Android 操作系统。注意，在 Mac OS X 操作系统安装 QGIS 时，以最新的 QGIS 3.4.1 为例，必须先安装 Python 3.6，在 Windows 操作系统安装时则不需要。

综合以上原因，本节以 QGIS 软件为例，探究上海小笼包餐厅[23]的数据地图制作方法。

制作地图时一般需要两种地理文件，一种是具有纬度和经度的 CSV 点文件，一种是形状文件。形状文件通常是包含多个文件的 ZIP 文件，如包含 SHP、DBF 和 PROJ 文件等。注意，所有文件都很重要，当解压缩形状文件包并打开 SHP 文件时，QGIS 会找到其他相应文件，我们需要这个压缩包的全部文件，而不仅仅是 SHP 文件。

案例 4：制作一个简单的数据地图

<1> 打开形状文件（见配套资源）。

选择"Layer|Add layer|Add vector layer"菜单命令，在出现的对话框中选择图形文件"shanghai-districts.zip"，确认 Encoding 是"UTF-8"，见图 6.39，然后单击"Open"按钮。

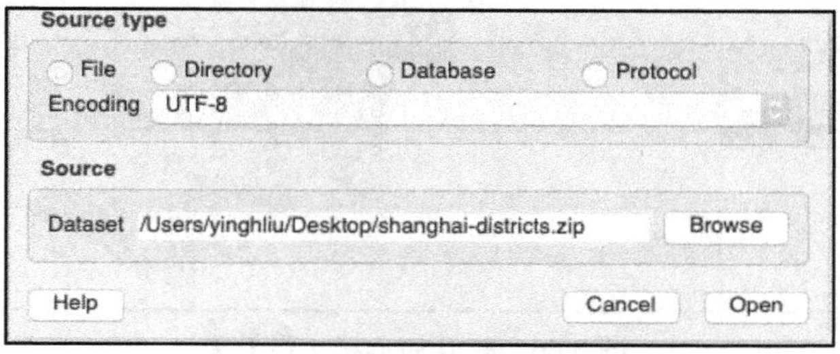

图 6.39 选择数据来源

注意，并不是任何时候 Encoding 都设置为"UTF-8"，如果文件中包含中文数据或者出现中文乱码，可以将 Encoding 设置为"GB2312""GBK"或"GB13080"，如果是繁体中文，则设置为"Big5""Big5-ETen"或"Big5-HKSCS"。

打开后的形状文件见图 6.40，这是上海市行政区图。

<2> 打开包含经度和纬度的 CSV 文件，增加小笼包餐厅的地理位置图层。

选择"Layer|Add Layer|Add Delimited Text Layer"菜单命令，在出现的对话框中单击"Browse"按钮，然后找到 xlb-geocoded.csv 文件，设置 Encoding 是"UTF-8"、File format（文件格式）是"CSV"、Geometry definition（几何定义）是"Point coordinates"、X field 是"lng"（保存经度的列）、Y field 是"lat"（保存纬度的列），单击"OK"按钮，以添加图层，见图 6.41。

在新的对话框中设置 Coordinate Reference System（CRS）是"WGS 84"（注意在 QGIS 3.2 版本以上，CRS 的设置没有单独对话框，与其他元素设置在同一个对话框中），见图 6.42。

添加新图层的效果见图 6.43，这是小笼包餐厅的位置显示在上海市行政区上的效果。不用介意两个图层的颜色，后面有修改颜色的具体方法。

<3> 查看图层效果。在"Layers panel"中右击图层名，在弹出的快捷菜单中选择"remove"，则删除该图层。可以用鼠标滚轮放大或缩小图层，若缩放后图层太大或太小，不方便浏览，则右击图层的名字，在弹出的快捷菜单中选择"zoom to layer"，图层将适应窗口的大小，以方便用户查看。

---

[23] https://www.dianping.com

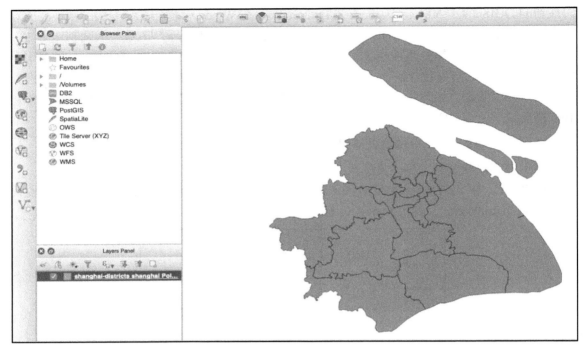

图 6.40　打开的形状文件效果

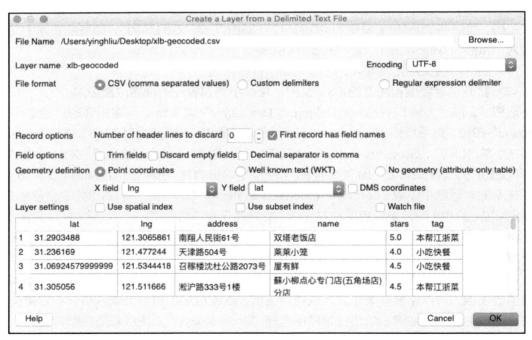

图 6.41　打开包含经纬度的点文件

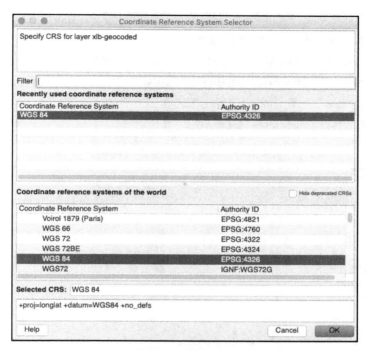

图 6.42　设置 CRS

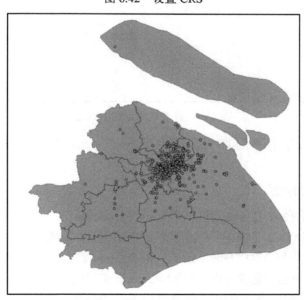

图 6.43　两个图层的显示效果

　　<4> 查看数据地图的数据。右击"xlb-geocoded"图层，在弹出的快捷菜单中选择"Open Attribute Table"，可以查看小笼包餐厅的表格数据，包含经纬度、地址、名字、星级和菜系共 6 列，见图 6.44。

　　<5> 计算上海各行政区域的小笼包餐厅数量。在操作之前保证前面步骤已经正确完成，然后选择"Vector→Analysis Tools→Count points in polygon"菜单命令，为这两个图层增加一个计算图层。在打开的对话框中设置 Polygons 和 Points，输入 Count field name，如"NUMPOINTS"，单击"Run"按钮后，增加一个新的临时图层"count"，见图 6.45。

	lat	lng	address	name	stars	tag
1	31.2903488	121.3065861	南翔人民街6...	双塔老饭店	5	本帮江浙菜
2	31.236169	121.477244	天津路504号	莱莱小笼	4	小吃快餐
3	31.0692458	121.5344418	召稼楼沈杜...	屋有鲜	4.5	小吃快餐
4	31.305056	121.511666	淞沪路333号...	穌小柳点心...分店	4.5	本帮江浙菜
5	31.225694	121.446564	愚园路68号...	穌小柳点心...分店	4	本帮江浙菜

图 6.44　在数据地图中查看数据

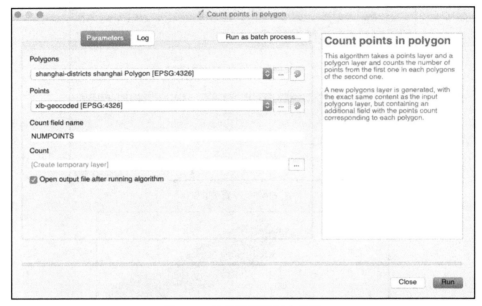

图 6.45　计算数据地图中数据

右击"count"图层，在弹出的快捷菜单中选择"Open Attribute Table"，查看统计结果，见图 6.46。

案例 5：制作热力地图

右击 Count 图层，在弹出的快捷菜单中选择"properties"，在出现的"Layer Properties"对话框的左侧选择"Style"，在右侧从上到下依次选择和设置数据，见图 6.47。

将"Single Symbol"修改为"Graduated"；将 Column 设置为数据列，如"NUMPOINTS"；通过下拉选项将 Color ramp 设置为喜欢的颜色，如渐变绿色；修改 Mode 为"Quantile（Equal Count）"，单击"Classify"查看分类；单击"Apply"按钮查看效果，直到达到满意的效果。单击"OK"按钮。

热力地图效果见图 6.48。左侧面板下部显示 3 个图层，其中 Count 图层显示了热力地图的 5 种颜色分类。

案例 6：在数据地图中显示筛选的部分数据

本例仅显示五星级小笼包餐厅。右击"xlb-geocoded"图层，在弹出的快捷菜单中选择"Filter"，在出现的"Provider soecific filter expression"对话框中输入筛选条件""star" = 5"，表示仅筛选出五星级的小笼包餐厅，见图 6.49。

	OID_	Name	FolderPath	mbol	JtMod	Base	llampe	trud	nippe	PopupInfo	Shape_Leng	Shape_Area	UMPOINT
3	0	崇明县	区县/区县	0		0.00000	-1	0		`</head>`	1.92134	0.15378	1
4	0	奉贤区	区县/区县	4	0	0.00000	-1	0		`<META http-...` `</head>`	1.31870	0.06800	1
5	0	金山区	区县/区县	1	0	0.00000	-1	0		`<META http-...` `</head>`	2.04565	0.05716	2
6	0	青浦区	区县/区县	0	0	0.00000	-1	0		`<META http-...` `</head>`	2.44421	0.06383	4
7	0	松江区	区县/区县	3	0	0.00000	-1	0		`<META http-...` `</head>`	1.99862	0.05715	7
8	0	嘉定区	区县/区县	2	0	0.00000	-1	0		`<META http-...` `</head>`	1.55617	0.04324	9
9	0	宝山区	区县/区县	1	0	0.00000	-1	0		`<META http-...` `</head>`	1.14143	0.02774	15
10	0	普陀区	区县/区县	3	0	0.00000	-1	0		`<META http-...` `</head>`	0.57125	0.00519	20
11	0	杨浦区	区县/区县	0	0	0.00000	-1	0		`<META http-...` `</head>`	0.33559	0.00573	35
12	0	虹口区	区县/区县	4	0	0.00000	-1	0		`<META http-...` `</head>`	0.24192	0.00221	39
13	0	闵行区	区县/区县	1	0	0.00000	-1	0		`<META http-...` `</head>`	1.82725	0.03510	41
14	0	长宁区	区县/区县	0	0	0.00000	-1	0		`<META http-...` `</head>`	0.37196	0.00352	49
15	0	徐汇区	区县/区县	2	0	0.00000	-1	0		`<META http-...` `</head>`	0.42045	0.00518	67
16	0	闸北区	区县/区县	2	0	0.00000	-1	0		`<META http-...` `</head>`	0.29238	0.00269	77
17	0	黄浦区	区县/区县	1	0	0.00000	-1	0		`<META http-...` `</head>`	0.13795	0.00075	125
18	0	浦东新区	区县/区县	3	0	0.00000	-1	0		`<META http-...` `</head>`	1.59762	0.05432	145

图 6.46　查看统计结果

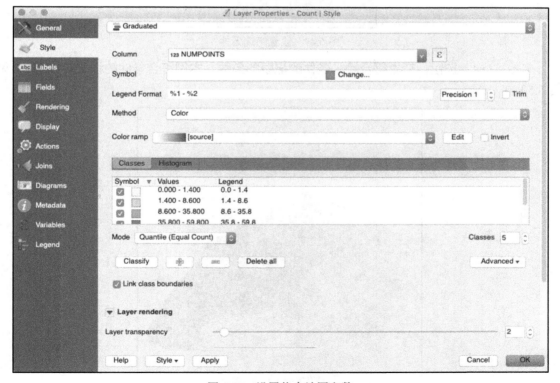

图 6.47　设置热力地图参数

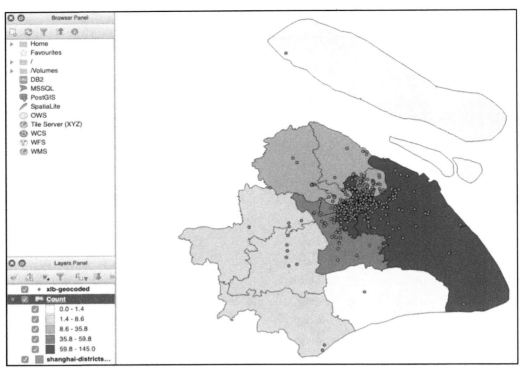

图 6.48　热力地图效果

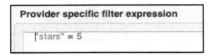

图 6.49　设置筛选条件

单击"test"按钮，查看符合输入条件的记录的条数，本例符合条件的记录共 19 条，见图 6.50。

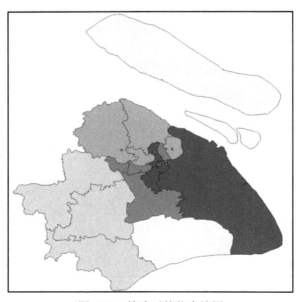

图 6.50　筛选后的热力地图

6.6　可视化工具 ECharts

　　ECharts（Enterprise Charts 的缩写）[24]是百度团队的一个 JavaScript 框架，开源、免费、功能丰富、纯 JavaScript 的图表库。ECharts 既可以运行在 PC 端，也可以运行在移动设备上，而且兼容目前绝大部分的主流浏览器，如 IE、Chrome、360、Firefox 和 Safari 等。用户编写（或修改）少量代码即可实现直观、生动、可交互、可高度个性化定制的可视化图表。

　　ECharts 提供了常规的折线图、柱形图、散点图、饼图、K 线图、用于统计的盒形图、用于地理数据可视化的地图、热力图、线图、用于关系数据可视化的关系图、树图（treemap）、多维数据可视化的平行坐标，还有用于 BI（Business Intelligence）的漏斗图、仪表盘，并且支持图与图之间的混搭。

　　获取 ECharts 的方法很多，最常用的方法还是从官网下载[25]，一般建议选择最高版本，目前包含四种版本。常用版本包含常用的图表组件，如折线图、柱形图、饼图、散点图、图例工具栏等。精简版本只包含折线图、柱形图和饼图。完整版本包含所有图表组件。源代码版本不仅包含所有图表组件的源码，还包含常见的警告和错误提示，一般是开发环境下选择的版本。虽然 ECharts 允许用户根据需要个性化定制下载图表和组件，但建议初学者下载常用版本或完整版本，两个版本占用的空间均不足 1 MB。

　　ECharts 的主题（也称为皮肤）可以让用户的图表颜色发生变化，用户可以下载官方提供的主题，还可以定制主题。ECharts 的数据地图提供世界各国和地区的地图，可在线生成定制地图。

　　无论是 ECharts 初学者还是资深人员，建议经常访问 ECharts 社区，其中的 gallery[26]可以查看 ECharts 官方示例，发布自己的作品，也可以查看其他用户的作品。其博客[27]是 ECharts 官方持续发布文章及活动数据的平台，包含 ECharts 新版本介绍、教程、活动介绍等文章。

6.6.1　五分钟上手 ECharts

　　本节通过 ECharts 提供的一个作品，让读者了解其工作和编辑方式。首先登录作品地址 http://ECharts.baidu.com/gallery/editor.html?c=doc-example/getting-started，作品效果见图 6.51。

　　图 6.51 的左侧是代码，具体如下。

```
option = {
    title: {
        text: 'ECharts 入门示例'
    },
    tooltip: {},
    legend: {
        data:['销量']
    },
```

[24]　http://ECharts.baidu.com/
[25]　http://ECharts.baidu.com/download.html
[26]　http://gallery.EChartsjs.com/
[27]　http://ECharts.baidu.com/blog/

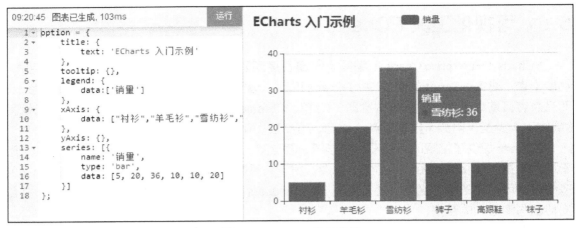

图 6.51　ECharts 作品效果

```
    xAxis: {
        data: ["衬衫", "羊毛衫", "雪纺衫", "裤子", "高跟鞋", "袜子"]
    },
    yAxis: {},
    series: [{
        name: '销量',
        type: 'bar',
        data: [5, 20, 36, 10, 10, 20]
    }]
};
```

　　图 6.51 的右侧是动态的作品效果，鼠标移动到柱形图上将显示对应的数据。柱形图包含 6 个数据，分别是"衬衫""羊毛衫""雪纺衫""裤子""高跟鞋"和"袜子"的销售量。图表的名称是"ECharts 入门示例"，图例在作品上方。

6.6.2　第一个 ECharts 作品

　　为了个性化显示图表，可以修改图表的标题为"五分钟上手 ECharts"，图例为"人数"，X 轴显示 7 个院系名字，销售量为各院系人数，改为折线图，则代码修改如下，效果见图 6.52。

```
option = {
    title: {
        text: '五分钟上手 ECharts'
    },
    tooltip: {},
    legend: {
        data:['人数']
    },
    xAxis: {
        data: ["社工学院", "青少系", "经管学院", "媒体学院", "外语系", "法学院", "公管学院"]
    },
    yAxis: {},
    series: [{
        name: '人数',
        type: 'line',
```

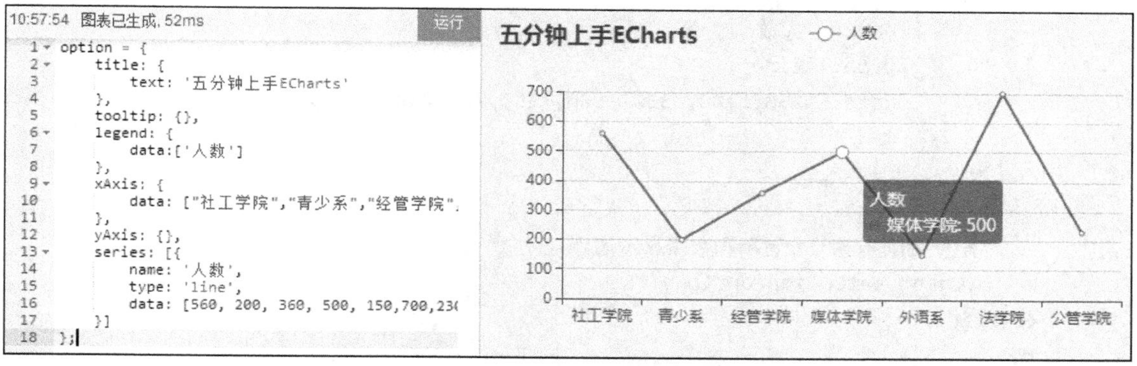

图 6.52　修改后的作品效果

```
            data: [560, 200, 360, 500, 150,700,230]
        }]
    };
```

若喜欢该作品，可在本地制作一个 Web 页面。先新建一个记事本，输入如下内容（注意：以下代码对原始代码做了修改，可以复制原代码后自行编辑），然后另存为 test.html 文档。

```html
<!DOCTYPE html>
<html>
<head>
    <meta charset="GBK">
    <title>ECharts</title>
    <!-- 引入 ECharts.js -->
    <script src="ECharts.min.js"></script>
</head>
<body>
    <!-- 为 ECharts 准备一个具备大小（宽高）的 Dom -->
    <div id="main" style="width: 600px;height:400px;"></div>
    <script type="text/javascript">
        // 基于准备好的 dom，初始化 ECharts 实例
        var myChart = ECharts.init(document.getElementById('main'));

        // 指定图表的配置项和数据
        var option = {
            title: {
                text: '五分钟上手 ECharts '
            },
            tooltip: {},
            legend: {
                data:['人数']
            },
            xAxis: {
                data: ["社工学院","青少系","经管学院","媒体学院","外语系","法学院","公管学院"]
            },
            yAxis: {},
            series: [{
```

```
                name: '人数',
                type: 'line',
                data: [560, 200, 360, 500, 150,700,230]
            }]
        };

        // 使用刚指定的配置项和数据显示图表。
        myChart.setOption(option);
    </script>
</body>
</html>
```

然后，登录官网页面 http://ECharts.baidu.com/download.html，选择"完整"版本，下载后得到的文件是 ECharts.min.js。

将 test.html 和 ECharts.min.js 放置在同一个文件夹中，双击 test.html，则可以在默认浏览器中打开此作品。

扩展名为 .js 的文件表明其是采用 JavaScript 开发的。JavaScript 是一种直译式脚本语言，属于网络的脚本语言，被广泛用于 Web 应用开发，常用来为网页添加各式各样的动态功能，为用户提供更流畅美观的浏览效果。通常，JavaScript 脚本是通过嵌入在 HTML 中来实现自身的功能的。ECharts 作为一个纯 JavaScript 的图表库，其常见基本名词见表 6.1，图表名词见表 6.2。

表 6.1　ECharts 基本名词

名　词	描　述
chart	一个完整的图表，如折线图，饼图等"基本"图表类型或由基本图表组合而成的"混搭"图表，可能包括坐标轴、图例等
axis	直角坐标系中的一个坐标轴，坐标轴分为类目型、数值型或时间型
xAxis	直角坐标系中的横轴，默认为类目型
yAxis	直角坐标系中的纵轴，默认为数值型
grid	直角坐标系中除坐标轴外的绘图网格，用于定义直角系整体布局
legend	图例，表述数据和图形的关联
dataRange	值域选择，常用于展现地域数据时选择值域范围
dataZoom	数据区域缩放，常用于展现大量数据时选择可视范围
roamController	缩放漫游组件，搭配地图使用
toolbox	辅助工具箱，辅助功能，如添加标线、框选缩放等
tooltip	气泡提示框，常用于展现更详细的数据
timeline	时间轴，常用于展现同一系列数据在时间维度上的多份数据
series	数据系列，一个图表可能包含多个系列，每个系列可能包含多个数据

表 6.2　ECharts 图表名词

名　词	描　述
line	折线图，堆积折线图，区域图，堆积区域图
bar	柱形图（纵向），堆积柱形图，条形图（横向），堆积条形图
scatter	散点图，气泡图。散点图至少需要横纵两个数据，更高维度数据加入时，可以映射为颜色或大小，当映射到大小时则为气泡图

名　词	描　述
k	K 线图，蜡烛图，常用于展现股票交易数据
pie	饼图，圆环图，饼图支持两种（半径、面积）南丁格尔玫瑰图模式
radar	雷达图，填充雷达图，高维度数据展现的常用图表
chord	和弦图，常用于展现关系数据，外层为圆环图，可体现数据占比关系，内层为各扇形间相互连接的弦，可体现关系数据
force	力导布局图。常用于展现复杂关系网络聚类布局
map	地图，内置世界地图数据，可通过标准 GeoJSON 扩展地图类型，支持 SVG 扩展类地图应用，如室内地图、运动场、物件构造等
heatmap	热力图，用于展现密度分布数据，支持与地图、百度地图插件联合使用
gauge	仪表盘，用于展现关键指标数据，常见于 BI 系统
funnel	漏斗图，用于展现数据经过筛选、过滤等流程处理后发生的数据变化，常见于 BI 系统
evnetRiver	事件河流图，常用于展示具有时间属性的多个事件，以及事件随时间的演化
treemap	矩形式树状结构图，简称矩形树图，用于展示树形数据结构，优势是能最大限度展示节点的尺寸特征
venn	韦恩图，用于展示集合以及它们的交集
tree	树图，用于展示树形数据结构各节点的层级关系
wordCloud	词云，是关键词的视觉化描述，用于汇总用户生成的标签或一个网站的文字内容

没有编程基础的用户不要过度纠结代码每行的具体含义，对普通用户来说，学会修改代码即可。本例中主要介绍：option 变量的修改，标签<meta charset="GBK">中字符的设置，否则可能出现中文乱码的情况，<body>中 Dom 容器宽和高的设置。若没有任何 HTML 基础，请先阅读本书第 7 章。

浏览官方实例[28]是快速学习 ECharts 的好办法，尤其重视散点图、柱形图、折线图和饼图等基础图形，如官方柱形图实例见图 6.53。

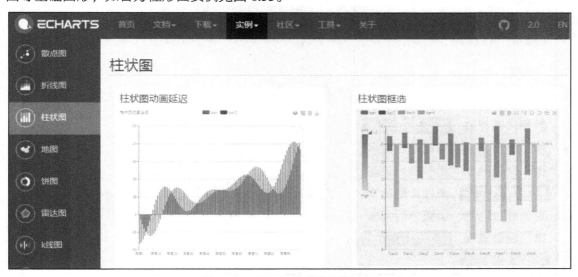

图 6.53　ECharts 官方柱形图实例

---

[28]　http://ECharts.baidu.com/examples.html

6.6.3 使用 ECharts 主题

主题是 ECharts 图表的风格，用于统一多个图表的样式，类似游戏的皮肤，包含一系列的配色、排版样式的配置等。ECharts 提供了 6 款主题，可以到官网[29]下载。下面以 vintage 主题为例，介绍主题的使用方法。

首先新建文件夹 theme，此文件夹专门用于保存主题。其次，下载 vintage 主题到文件夹 theme，下载后的默认文件是 vintage.js。最后，在 HTML 文件中加入如下代码即可。注意，HTML 文件与 theme 文件夹必须放在同一个位置。

```
<script src="ECharts.js"></script>
<!-- 引入 vintage 主题 -->
<script src="theme/vintage.js"></script>
<script>

// 第二个参数可以指定前面引入的主题
var chart = ECharts.init(document.getElementById('main'), 'vintage');
chart.setOption({
    ...
});
</script>
```

如果 ECharts 包含的 6 种主题依然无法满足需要，可以使用主题构建工具[30]定制主题。主题构建工具的左侧包含 13 种默认方案，如选择 "westeros" 方案，见图 6.54，在右侧查看方案效果，见图 6.55。

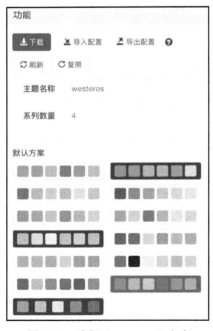

图 6.54　选择 "westeros" 方案

图 6.55　"westeros" 方案效果

[29]　http://ECharts.baidu.com/download-theme.html
[30]　http://ECharts.baidu.com/theme-builder

如果这些默认方案依然无法满足需求，可以通过基本配置、视觉映射、坐标轴、图例、工具箱、提示框、时间轴、数据缩放、折线图、K 线图、力导图和地图等模块配置，见图 6.56。折线图的配置如图 6.57。

图 6.56　配置模块

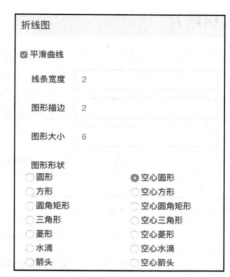

图 6.57　折线图配置选项

配置好主题后可以下载 JS 格式文件，与上例中的 vintage 主题用法一致。

也可以导出配置，见图 6.54 左上角的导出配置文件，如本案导出的配置文件默认名称是"westeros.project.json"。单击"导入配置"按钮，即可使用 JSON 配置文件。

ECharts 以前提供下载的矢量地图数据来自第三方，由于部分数据不符合国家《测绘法》规定，目前暂时停止下载服务。用户可以使用以百度地图为底图的形式[31]。ECharts 还提供一些官方的数据地图实例，也可以参考。

6.7　可视化工具 Tableau

Tableau 是一款提供快速分析、可视化数据并分享数据的软件。软件界面清晰、易于操作，适合没有统计和编程基础的用户使用。非常适合处理海量数据，图表创建迅速且种类繁多，Tableau 将数据运算与美观的图表完美地嫁接在一起。仪表板和动态数据更新便捷，所见即所得，数据源丰富，输出方便且容易共享。2019 年 2 月，世界知名研究机构 Gartner 发布的"2019分析和商业智能平台魔力象限报告"显示，Tableau 是行业领袖级产品[32]。

Tableau 包含多种版本，适合不同的人群（如 Tableau Desktop、Tableau Server、Tableau Prep、Tableau Online），分别附带不同程度的支持和功能。如果首次使用该软件，建议从 Tableau Desktop 入手，并申请 Tableau public 账号以保存或发布作品。

Tableau 可以在官网下载 14 天试用版[33]，学习成本较低，对高校教师和学生还有包含产

[31]　http://ECharts.baidu.com/demo.html#map-polygon

[32]　来自官方网站 https://www.gartner.com

[33]　Tableau 软件下载地址 https://www.tableau.com/zh-cn/products

品全部功能的 1 年免费试用许可证[34]，超过 1 年后可以再次申请续期。注意，获得的许可证不可外泄，且只能在两台计算机上使用（一台 Windows 系统，一台 Mac 系统）。

6.7.1　安装和简介

Tableau Desktop 包含 Windows 版本（2018.3.0 版本约 367 MB）和 Mac 版本（2018.3.0 版本约 500 MB）两种，根据操作系统按需下载，正常安装即可。

Tableau Desktop 工作区包含菜单栏、工具栏、"数据"窗格、卡区、功能区、一个或多个工作表、仪表板或故事。虽然工作表、仪表板或故事的界面各不相同，但工具栏基本相似的，具体功能见表 6.3。

表 6.3　Tableau Desktop 工具栏

按　钮	名　称	功　能
❋	Tableau 图标	转到开始页面
←	撤销	撤销工作簿中的最近一次操作
→	重做	重复使用"撤销"按钮撤销的最后一个操作
💾	保存	保存对工作簿所做的更改
🗄	新建数据源	打开"连接"窗格，可以在其中创建新连接，或者从存储库中打开已保存的连接
🗄	暂停自动更新	控制进行更改后 Tableau 是否自动更新视图，其下拉列表可以自动更新整个工作表或只使用快速筛选器
○	运行更新	运行手动数据查询，以便在关闭自动更新后用所做的更改对视图进行更新，其下拉菜单可以更新整个工作表或只使用快速筛选器
📊	新建工作表	新建空白工作表，其下拉菜单可创建新工作表、仪表板或故事
📊	复制工作表	创建与当前工作表完全相同的新工作表
📊	清除工作表	清除当前工作表。使用下拉菜单清除视图的特定部分，如筛选器、格式设置、大小调整和轴范围
🔀	交换	交换"行"和"列"功能区的字段。每次单击此按钮，都会交换"隐藏空行"和"隐藏空列"设置
⬆	升序	根据视图中的度量，以所选字段的升序来应用排序
⬇	降序	根据视图中的度量，以所选字段的降序来应用排序
✎	突出显示	启用所选工作表的突出显示，其下拉菜单中的选项定义可以突出显示值的方式
📎	组成员	通过组合所选值来创建组。选择多个维度时，其下拉菜单指定是对特定维度进行分组，还是对所有维度进行分组
T	显示标记标签	在显示和隐藏当前工作表的标记标签之间切换

---

[34]　http://www.tableau.com/zh-cn/academic/students

按　钮	名　称	功　能
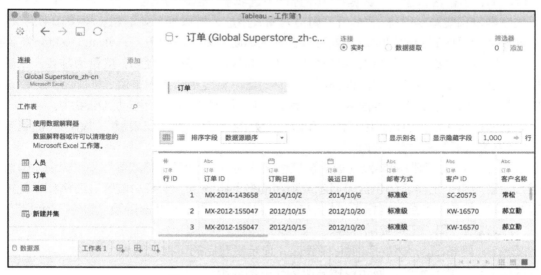 固定轴	固定轴	在仅显示特定范围的锁定轴以及基于视图中的最小值和最大值调整范围的动态轴之间切换
标准　▼	适合选择器	指定在应用程序窗口中调整视图大小的方式,可选择"标准""适合宽度""适合高度"或"整个视图"
显示/隐藏卡	显示/隐藏卡	显示和隐藏工作表中的特定卡,可以在其下拉菜单上选择要隐藏或显示的每个卡
演示模式	演示模式	在显示和隐藏视图(即功能区、工具栏、"数据"窗格)之外的所有内容之间切换
与他人共享工作簿	与他人共享工作簿	设置 Tableau Server 或 Tableau Online 中与他人分享工作簿
智能显示	智能显示	帮助用户选择视图类型,最适合的建议图表类型周围会显示一个橙色轮廓

6.7.2　连接数据

Tableau Desktop 在制作视图和分析数据前必须先连接到数据。Tableau Desktop 允许连接到多种格式的数据文件,如文本文件(.txt)、Excel 文件(.xls 或.xlsx)和 Access(.mdb 或.accdb)文件等。

例如,连接一个 Excel 文件的步骤如下。先打开 Tableau Desktop,在"开始"页面中选择"连接→到文件→Excel",在出现的"打开"窗口中选择文件,如"Global Superstore_zh-cn.xlsx"(见本书配套的教学资源),然后单击"打开"按钮。在"连接数据"页面左下角的"工作表"中选择"订单"表并拖动到数据区,见图 6.58。

图 6.58　Tableau Desktop 连接数据页面

6.7.3　工作表

Tableau Desktop 的工作表界面主要包含 8 部分,见图 6.59,功能如下。

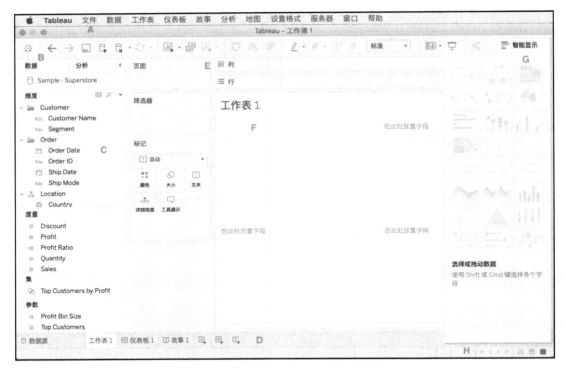

图 6.59　Tableau Desktop 工作表界面

区域 A：菜单栏，包含 Tableau Desktop 的所有功能。

区域 B：工具栏，包含常用的功能，如撤销、重做和保存等，见表 6.3。

区域 C：边条区，包含"数据"和"分析"选项卡，也称为窗格。"数据"窗格显示数据源、维度字段和度量字段等。"分析"窗格为图表添加分析数据，如汇总、模型和自定义等。

选择字段添加到行或列时，维度通常会产生标题。默认情况下，Tableau Desktop 将离散或分类的字段视为维度（蓝色），将包含数字的字段视为度量（绿色），度量通常会产生轴。度量和维度也不是一成不变的。根据需要，有时可以将度量转换为维度，如邮编数据默认是数值型数据，即度量，但该字段并不需要计算，所以一般将该字段拖动到维度中。

区域 D：标签栏，包含"数据源"和已经建好的"工作表""仪表板""故事""新建工作表""新建仪表板"和"新建故事"。

区域 E：卡区，可以将字段拖放到该区域，并通过"页面""筛选器"和"标记"卡对图表进行设置。每个工作表都包含可显示或隐藏的各种不同卡。卡是功能区、图例和其他控件的容器。如"标记"卡是设置标记属性的容器，包含标记类型选择器以及"颜色""大小""标签""详细数据"和"工具提示"等。

区域 F：画布区，也称为可视化图表区，显示设置后的可视化图表。

区域 G：智能显示区，显示设置后可选择的图表类型。

区域 H：状态栏，显示当前视图的基本数据和一些可选项。

6.7.4　仪表板

一个仪表板可以包含多个工作表和多个仪表板，方便用户在一个窗口中同时比较各种数据。与工作表类似，在工作簿底部的标签栏可以访问仪表板。仪表板的名称前面包含 ⊞ 图标。仪表板与仪表板中的工作表的数据是相连的，当用户修改工作表时，包含该工作表的仪表板也会更改，反之亦然。工作表和仪表板也会随着数据源的最新而更新。

一般情况下，仪表板包含 2～3 个工作表和仪表板。如果视图太多，则用户可能丢失仪表板中的重点，不利于展示重点数据。如果工作表或仪表板过多，建议使用多个仪表板分别展示。Tableau Desktop 的仪表板界面见图 6.60。

仪表板左侧的"仪表板"窗格的中间部分"工作表"包含工作簿的所有工作表名称，被勾选的是在本仪表板中使用的工作表。下部"对象"包含可以在仪表板中插入的对象，如文本、图像、网页和按钮等以及布局容器类型。上部是设置视图显示设备大小的区域。如设置的设备是"iPhone 7 Plus"，效果见图 6.61。

6.7.5　故事

每个故事包含多个故事点，每个故事点包含一个或多个仪表板，见图 6.62。在工作簿底部的标签栏可以访问故事，故事的名称前面包含 📖 图标。

选择"故事→新建故事"，可以创建一个新的故事，或者单击标签栏的"新建故事"标签实现故事的创建，底部标签栏会显示新建的故事标签，如"故事 1"。可以为每个故事点添加说明，并将工作表或仪表板拖到故事中。单击"新空白点"按钮，可以添加一个新的故事点。

6.7.6　保存和导出

为了避免工作内容丢失，在 Tableau Desktop 中，经常使用以下方法保存工作。

1．保存工作簿

选择"文件|保存"菜单命令，可以保存所有打开的视图（如工作表、仪表板和故事）。首次保存，将出现"另存为"对话框，需指定工作簿的文件名、标签、位置和保存类型，见图 6.63。

Tableau Desktop 默认使用 .twb 扩展名保存文件。这种文件在使用时要保证和数据源在同一位置（如同一个文件夹）。文件名不能包含特殊字符，如/、\、>、<、*、?、"、|、：或 ;。

建议初学者在命名时仅使用大小写英文、阿拉伯数字和下划线，如"20190101_GDP.twb"包含文件日期和基本内容。

2．保存打包工作簿

打包工作簿是将工作簿连同所有引用的本地数据源和对象保存在一个 .twbx 文件中。工作簿直接链接到打包的数据源和对象，方便其他用户使用 Tableau Desktop 或 Tableau Reader 打开查看。其中的对象是指工作簿中的背景图像、自定义地理编码、自定义形状、本地多维数据集文件、Microsoft Access 文件、Microsoft Excel 文件、Tableau 数据提取文件（.hyper 或.tde）和文本文件（如.csv、.txt）等。

如果工作簿包含与企业数据源或其他非文件数据源（如 Microsoft SQL、Oracle 或 MySQL）的连接，则必须数据提取后才可以打包到工作簿（.twbx）中。

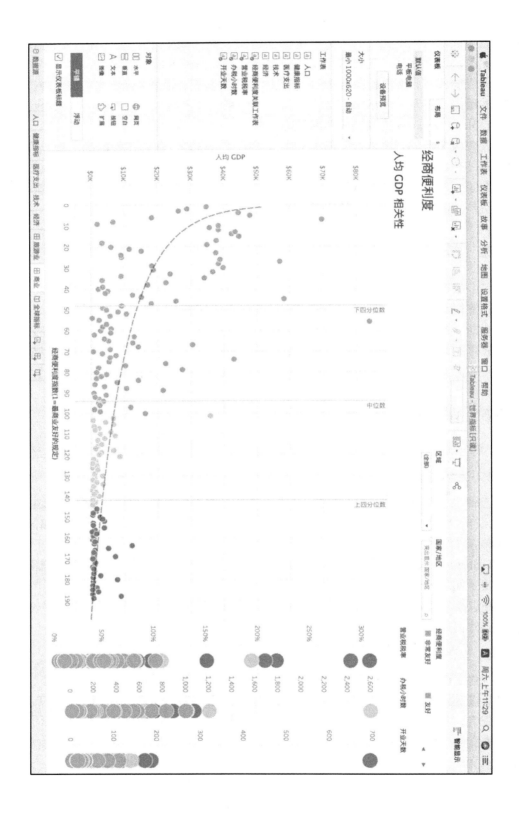

图 6.60　Tableau Desktop 仪表板界面

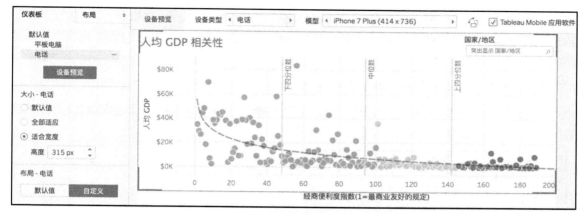

图 6.61 在"仪表板"中设置设备大小

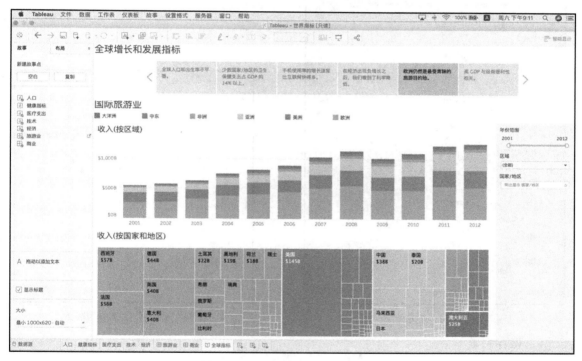

图 6.62 Tableau Desktop 故事界面

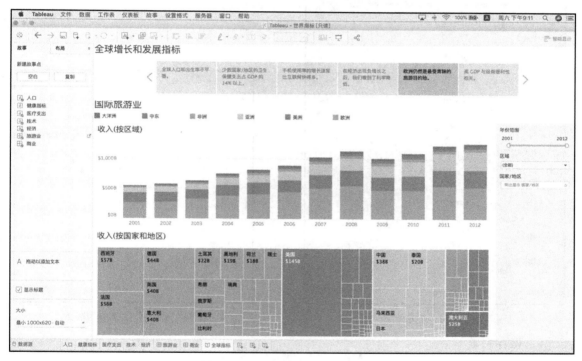

图 6.63 "另存为"对话框

右键单击"数据"窗格中的数据源，在弹出的快捷菜单中选择"提取数据"，出现"提取数据"对话框，设置提取方法后，单击"数据提取"按钮。图 6.64 是对"国家/地区"筛选后再提取。

3．导出为 Tableau Desktop 的其他版本

选择"文件|导出为版本"菜单命令，可以选择将当前版本保存为其他版本，方便使用 Tableau 其他版本的用户，见图 6.65。

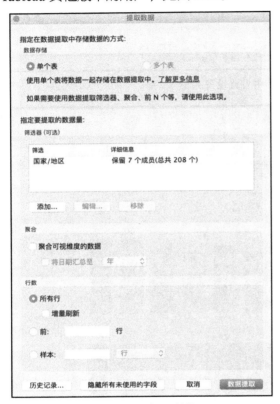

图 6.64　提取数据

图 6.65　选择导出的版本

4．保存书签

选择"窗口|书签|创建书签"菜单命令，可以创建一个新的书签，扩展名是 .tbm。书签用于保存当前的工作表，方便用户从其他工作簿快速访问。为经常使用的工作表添加书签可以提高工作效率。

5．保存到 Tableau Public

Tableau Public 是一个免费的云服务[35]，用户可以将自己的工作簿保存到这里，其他用户可以查看、下载工作簿或数据源。

选择"服务器|Tableau Public|保存到 Tableau Public"菜单命令，使用个人账号登录 Tableau Public，见图 6.66 和图 6.67。如果没有账号，可以免费创建。注意，只有登录账号后才能共享、下载、删除和上传作品。

---

[35]　https://public.tableau.com/s

图 6.66　账号登录　　　　　　　　　　　图 6.67　登录后显示个人数据

　　显示已发布的工作簿，用户可以预览所有保存的工作表。选择一个工作表并单击视图左下角的"共享"按钮获得发布链接，见图 6.68。用户可以将此链接通过电子邮件发送给他人，也可以嵌入到其他网页中。

6．导出图像

　　用户可以将视图导出为图像文件。选择"工作表|导出|图像"菜单命令，然后在"导出图像"对话框中选择显示的内容和图例布局，单击"保存"按钮，设置文件保存位置和文件格式（如 .png、.bmp 或 .jpg），见图 6.69。

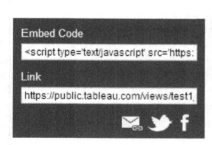

图 6.68　链接数据

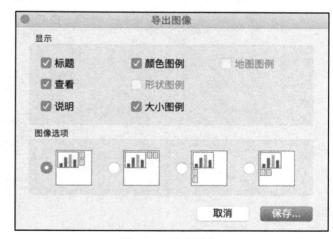

图 6.69　导出图像

6.8　用 Python 和 R 实现可视化

　　当下非常流行的编程语言 Python 和 R 不仅可以实现数据分析，还可以可视化数据。虽然编程语言学习成本高，但 Python 和 R 都有很好的 IDE 方便用户学习和使用，如 R 语言的 Shiny（RStudio 公司开发的应用）制作的可视化效果也非常棒，见图 6.70 和图 6.71。

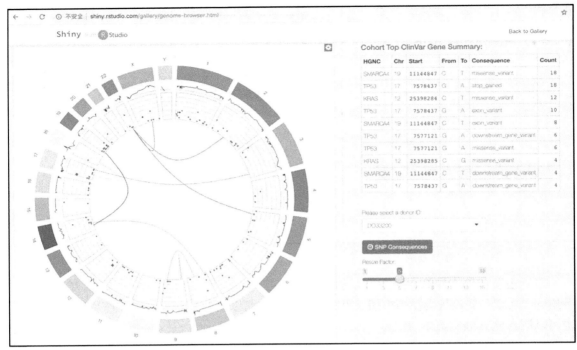

图 6.70　R 可视化效果图 1[36]

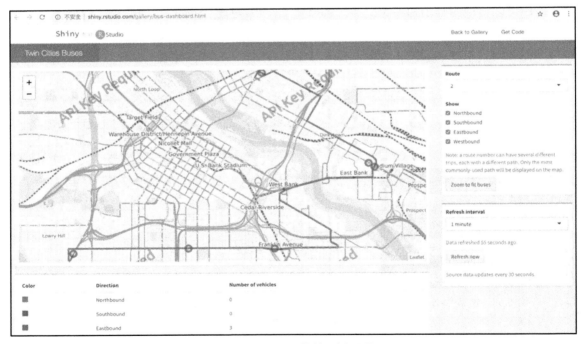

图 6.71　R 可视化效果图 2[37]

　　Python 语言还包含大量的第三方可视化包，制作效果见图 6.72。

---

[36]　http://shiny.rstudio.com/gallery/genome-browser.html
[37]　http://shiny.rstudio.com/gallery/bus-dashboard.html

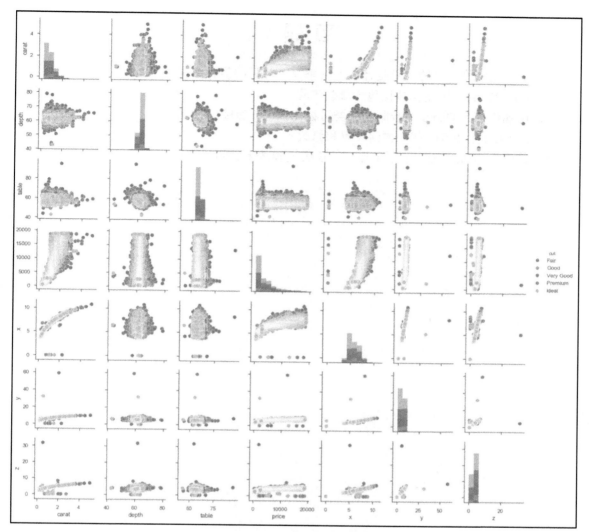

图 6.72　Python 可视化效果图[38]

小　结

　　本章介绍了 7 种常用的数据可视化工具，包括信息图制作工具、DataWrapper、Gephi、QGIS、Gapminder、ECharts 和 Tableau Desktop，重点讲解了 ECharts 和 Tableau Desktop 数据可视化的具体步骤，最后简要介绍了用 Python 和 R 实现可视化。

　　建议读者根据个人的基础和兴趣，深入学习可视化工具 QGIS，如加载一般影像数据、添加 KML 文件、整合 WMTS 服务和地图打印等。有较好 Python 编程基础的读者可以进一步学习 Seaborn、Bokeh 和 Plotly 等数据可视化库。

---

[38]　http://tomaugspurger.github.io/modern-6-visualization.html

习 题 6

1. 信息图制作工具的特点是什么？列举 3 个常见的信息图制作工具。
2. DataWrapper 可视化数据包含哪些步骤？
3. 可视化工具 Gephi 适合制作哪类可视化效果？有哪些功能？
4. ECharts 主题有哪些？如何设置和修改？
5. 说明 Tableau Desktop 中工作表、仪表板和故事之间的关系。

第 7 章　可视化作品发布

可视化作品的发布是非常重要的一步，虽然纸媒发布、光盘发布等还占有一席之地，但最常见且传播效果最好的依旧是网络发布。将数据图（如 Canva 制作）、数据地图（如 GIS 制作）、网络关系图（如 Gephi 制作）、动态图表（如 Gapminder）和复杂图表（如 ECharts、Tableau 等制作）发布在网络上需要理解一些网络相关的基础知识，以及 HTML、CSS 和 JavaScript 等，然后使用 Web 应用框架或者 Web 模板实现可视化作品发布。

7.1　网络基础知识

网站是网页的集合，包含多个网页，每个网页是由 HTML 编写的一个文件，静态网页的扩展名一般为 .html、.htm 或 .shtml 等，见图 7.1。由于编写语言的不同，动态网页的扩展名一般为 .asp、.php 或 .jsp 等，见图 7.2。

图 7.1　静态网页

静态网页包含固定的 URL，如图 7.1 的 URL 是 "http://www.ucass.edu.cn/html/list/232/list1.html"，任何人访问 URL 看到的内容均是相同的（由于浏览器的不同可能有排版上的细微差别）。静态页面适合内容更新量较少，不需要后台数据库支持的页面。静态页面制作相对简单、快捷，但更新维护烦琐、复杂。

因为每个用户发送的请求不同，所以看到的动态网页内容也是有差异的，见图 7.2。用户输入的用户名和密码不同，看到的邮件内容也是不同的，每个用户实际访问的 URL 也是不同

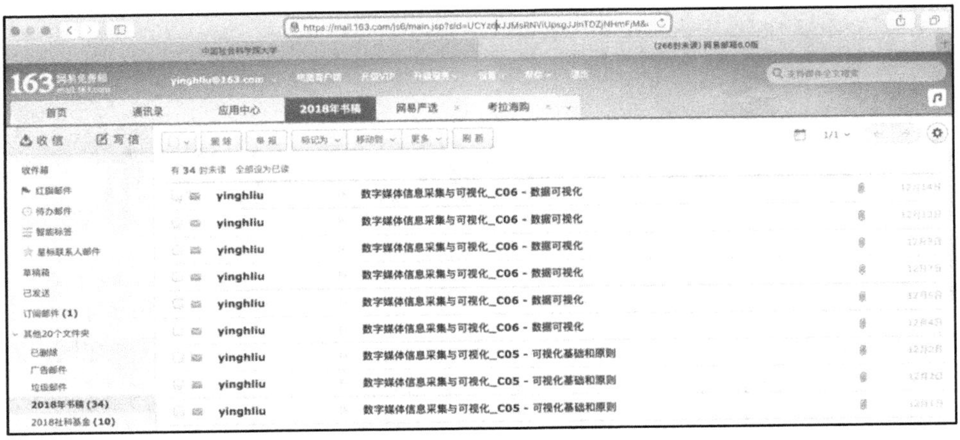

图 7.2　动态网页

的，一般类似 "https://mail.163.com/js6/main.jsp?sid=..." 格式，前面是相同的，后面省略号部分有差异，动态网页的 URL 中经常包含 "?"。动态页面适合内容更新量较多，有后台数据库支持、可交互的页面。动态页面制作相对复杂，但更新维护方便快捷。

URL 是 Timothy John Berners-Lee 发明的，用作万维网的地址。URL 可以定位一个 Web 页面，所以访问网页的方法是使用浏览器输入 URL 地址。URL 地址包括协议、域名、目录和页面地址。如 "http://www.ucass.edu.cn/html/list/232/list1.html" 中的 "http" 表示超文本传输协议，是用户访问 WWW 万维网经常使用的一种协议，其他协议还包括 TCP、SMTP 等。"www.ucass.edu.cn" 是域名，任何网站均有一个或多个域名，用户通过域名浏览网站。其中，"www" 表示万维网，"ucass" 表示中国社会科学院大学（University of Chinese Academy of Social Sciences），"edu" 表示教育机构，"cn" 是顶级域名，表示该网站属于中国。"/html/list/232/list1.html" 表示网页在域名下的 "/html/list/232" 文件夹中，"list1.html" 是文件名。

7.2　HTML5 基础

HTML（HyperText Markup Language）是用于描述网页的超文本标签语言，是 Web 页面的基础，包含 Web 网站的结构和内容。其中，"超文本" 是指 Web 页面中可以包含图片、音频、视频、动画、程序和链接等非文字内容。2014 年 9 月，万维网联盟发布了最新的 HTML 标准——HTML5。本节内容均以 HTML5 为基础。

7.2.1　HTML 文档

HTML 文档包含根部（<html>和</html>）、头部（<head>和</head>）和体部（<body>和</body>）三部分。基本构成如下：

```
<html>
    <head>
        <title>测试文档</title>
    </head>
    <body>
```

```
            <h2>测试内容</h2>
            <br>
        </body>
</html>
```

HTML 的大部分标签都是成对出现的，如<h2>和</h2>中间的内容"测试内容"在浏览器中查看时，显示为"标题 2"的格式，标签中还可以包含一个或多个属性和属性值，如"<h2 align="center"> 测试内容</h2>"表示"测试内容"居中显示。单个的标签如
，表示换行。

7.2.2 HTML 常用标签

掌握常用 HTML 标签，方便用户深入理解网页，便于网页更新和维护。标签不区分大小写，为美观和便于阅读，建议 HTML 文件中统一大小写。

1. 注释标签<!--……-->

注释标签的内容不会显示在浏览器中，主要用于解释 HTML 文档，方便他人阅读和理解网页，代码如下，浏览器查看效果见图 7.3。

```
<html>
    <head>
        <title>测试文档</title>
    </head>
    <body>
        <!--这是注释-->
        <h2>测试内容</h2>
    </body>
</html>
```

图 7.3　注释标签

2. 标题标签<h1>～<h6>

标题标签用于定义标题 1 到标题 6，代码如下，浏览器查看效果见图 7.4。

```
<html>
    <head>
        <title>测试文档</title>
    </head>
    <body>
        <h1>标题 1</h1>
        <h2>标题 2</h2>
        <h6>标题 6</h6>
    </body>
</html>
```

图 7.4　标题标签

3．超链接标签<a>

超链接标签用于定义一个超链接，从一个页面跳转到另一个页面，代码如下，浏览器查看效果见图 7.5。

```html
<html>
    <head>
        <title>测试文档</title>
    </head>
    <body>
        链接<a href="http://www.w3school.com.cn">W3School</a>学习页面
    </body>
</html>
```

图 7.5　超链接标签

4．表格标签<table>

表格标签用于制作表格。其中，行标签<tr>定义一行；表头标签<th>定义表头，默认情况下，表头是居中且加粗显示的；单元格标签<td>定义一个表格单元，代码如下，浏览器查看效果见图 7.6。

```html
<html>
    <head>
        <title>测试文档</title>
    </head>
    <body>
        <table border="1">
        <tr>
            <th>姓名</th>
            <th>成绩</th>
        </tr>
        <tr>
            <td>张三</td>
            <td>92</td>
```

```
            </tr>
            <tr>
                <td>李四</td>
                <td>87</td>
            </tr>
            </table>
        </body>
    </html>
```

图 7.6　表格标签

5．图像标签<img>

图像标签用于定义一个图像引用。属性 src 设置一个 URL，否则图像为空。若设置属性 alt 的值，则当浏览器无法加载图像时，显示属性 alt 的值。属性 height 设置图像的高度，属性 weight 设置图像的宽度。虽然可以通过属性设置图像的大小，但一般不建议用这种方法缩小或放大图像，最好使用图像处理工具，如 Photoshop 将图像处理为合适的尺寸。属性 height 和 weight 常用于设置占位图像大小，代码如下，浏览器查看效果见图 7.7。

```
<html>
    <head>
        <title>测试文档</title>
    </head>
    <body>
        <img src="/Users/yinghliu/Desktop/ta.jpeg"  alt="比萨斜塔"
             height="250"  width="200"/>
    </body>
</html>
```

6．音频标签<audio>

HTML5 的音频标签用于定义一段声音。属性 autoplay 设置加载后是否立刻播放。属性 controls 控制页面是否显示控件。属性 loop 设置是否循环播放。属性 src 设置声音文件的位置。代码如下，浏览器查看效果见图 7.8。

```
<html>
    <head>
        <title>测试文档</title>
    </head>
    <body>
        <audio src="04.mp3" controls="controls">
```

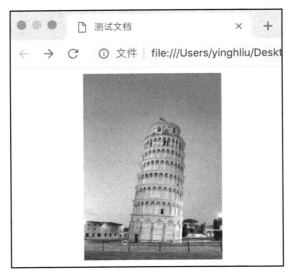

图 7.7 图像标签

浏览器不支持 audio 标签，请升级浏览器版本。

```
        </audio>
    </body>
</html>
```

图 7.8 音频标签

注意，虽然大部分用户已经将浏览器升级为支持 HTML5 的版本，但依旧建议在音频标签之间加上文字提示，如"浏览器不支持 audio 标签，请升级浏览器版本。"，当用户的浏览器不支持 HTML5 时，显示该段文字。

7．视频标签<video>

HTML5 的视频标签用于定义一个视频。属性 autoplay、controls、loop 和 src 的功能与音频标签<audio>相同，属性 height 设置播放视频的高度，width 设置播放视频的宽度。代码如下，浏览器查看效果见图 7.9。

```
<html>
    <head>
        <title>测试文档</title>
    </head>
    <body>
        <video src="CheeziPuffs.mov" controls="controls">
                浏览器不支持 video 标签，请升级浏览器版本。
        </video>
    </body>
</html>
```

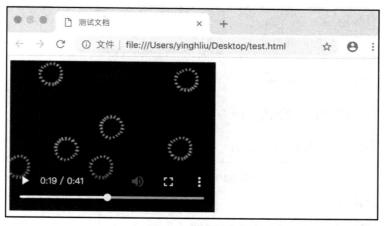

图 7.9　视频标签

7.3　CSS3 基础

CSS（Cascading Style Sheets，层叠样式表）是为 HTML 提供的一种控制网页样式和布局的方法，通过修改网页元素的显示方式可以提高网页制作效率。目前，CSS 的最新标准是CSS3。

7.3.1　内部 CSS

CSS 的语法规则包含选择器和声明两部分，格式如下：

```
selector { declaration1; declaration2; … ; declarationN }
```

选择器通常是设置改变样式的 HTML 元素，如"<h1>"。声明包含一个属性和一个值，中间用":"隔开。属性一般是样式属性，值是样式的具体效果值，如"text-align: center"。具体应用如下：

```
h2 {color:red; font-size:16px;}
```

其中，选择器 h2 表示 HTML 标签<h2>，包含两个声明，第一个声明通过 color 属性设置颜色，第二声明设置字体大小。代码如下，浏览器查看效果见图 7.10。

```
<html>
    <head>
        <title>测试文档</title>
        <style>
            h2 {color:red; font-size:16px;}
        </style>
    </head>
    <body>
        <h2>h2 是红色，16 个像素</h2>
        <h3>h3 是黑色，默认大小</h2>
        正文也是黑色，默认大小
    </body>
</html>
```

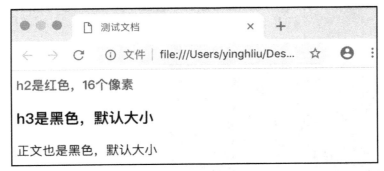

图 7.10　基本 CSS 应用

1．选择器的分组

用户可以对选择器分组，同组的选择器用"，"分开，且同组的选择器共享声明。如创建一个分组，同组的选择器都是红色，代码如下，浏览器查看效果见图 7.11。

```html
<html>
    <head>
        <title>测试文档</title>
        <style>
            h2, h3 {color:red;}
        </style>
    </head>
    <body>
        <h2>h2 是红色</h2>
        <h3>h3 是红色，默认大小</h3>
        正文是黑色，默认大小
    </body>
</html>
```

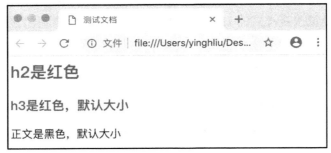

图 7.11　选择器的分组应用

2．CSS 继承

CSS 的子元素继承父元素的属性，如标签\<h2\>的父元素是\<body\>，则标签\<h2\>继承\<body\>的 CSS，除非\<h2\>有自己的 CSS。例如，\<body\>设置为绿色，标签\<h1\>没有再次设置颜色，则其为继承\<body\>的绿色。标签\<h2\>再次设置为红色，则其为红色。代码如下，浏览器查看效果见图 7.12。

```html
<html>
    <head>
        <title>测试文档</title>
        <style>
```

```
            body{color:green;}
            h2, h3 {color:red;}
        </style>
    </head>
    <body>
        <h1>h1 是绿色</h1>
        <h2>h2 是红色</h2>
        <h3>h3 是红色</h3>
        正文是绿色
    </body>
</html>
```

图 7.12　CSS 继承的应用

3. 复杂 CSS 应用

CSS 还可以设置背景、边框、文本特殊效果（如给文字加阴影）、**2D/3D 转换**（如对元素进行移动、缩放、转动、拉长或拉伸等）、动画效果、过渡（当元素从一种样式转变为另一种样式时为元素添加的效果）、多列布局和用户界面（如重设元素尺寸、轮廓）等。设置圆角边框效果的代码如下，浏览器查看效果见图 7.13。

```
<html>
    <head>
        <style>
            p {
                text-align:center;
                border:2px solid #a1a1a1;
                border-radius:25px;
            }
        </style>
    </head>
    <body>
        <p>漂亮的圆角效果。</p>
    </body>
</html>
```

图 7.13　复杂 CSS 应用

7.3.2 外部 CSS

使用 CSS 时，既可以是内部样式表（前面将 CSS 内容放在<style>标签中方法），也可以是外部样式表。外部样式表特别适合多个 Web 页面使用相同 CSS 的情况。这种方法将创建一个或多个 CSS 文件，多个 Web 页面可以使用<link>标签链接到外部样式表，即一次编写 CSS 文件，Web 页面多次使用，大幅提高了 CSS 的使用效率。例如：

```
<head>
    <link rel="stylesheet" type="text/css" href="style.css" />
</head>
```

如创建 CSS 文件 style.css，代码如下：

```
p {color:red; margin-left: 60px; font-family:Courier new}
h1{color:blue;font-family: Arial Black;}
```

使用外部样式表的 HTML 文件 test.html 代码如下。浏览器查看效果见图 7.14。

```
<html>
    <head>
        <link rel="stylesheet" type="text/css" href="style.css" />
    </head>
    <body>
        <p>Just for fun?</p>
        <h1>Just for fun!</h1>
    </body>
</html>
```

图 7.14　应用外部样式表

样式表可以同时使用内部和外部样式，简称多重样式。如果某些属性在多个样式表中被定义，则属性值将继承于更具体的样式表中。

CSS 文件 style1.css，代码如下：

```
h1{color:blue; font-family: Arial Black;}
```

CSS 文件 style2.css，代码如下：

```
h1{color:green; font-family: Times;}
```

文件 test.html 链接了两个 CSS 外部样式表，则第二个样式表比第一个样式表更具体，也可以理解为样式表文件 style1.css 先对标签<h1>样式设定为蓝色，Arial Black 字体，然后样式表文件 style2.css 对该标签进行了再次设定，则标签<h1>的最终样式是绿色，Times 字体。其完整代码如下，浏览器查看效果见图 7.15。

```
<html>
    <head>
        <link rel="stylesheet" type="text/css" href="style1.css" />
```

```
        <link rel="stylesheet" type="text/css" href="style2.css" />
    </head>
    <body>
        <p>Just for fun?</p>
        <h1>Just for fun!</h1>
    </body>
</html>
```

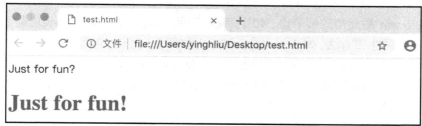

图 7.15　应用两个外部样式表

　　注意，链接的先后顺序对标签<h1>的最终样式起关键性作用，因为顺序决定哪个样式表更具体。如果在文件 test.html 中使用内部样式表再次设定标签<h1>的样式，且样式表的顺序如下代码，则标签<h1>的最终样式是红色，继承于文件 style2.css 的 Times 字体，浏览器查看效果见图 7.16。

```
<html>
    <head>
        <link rel="stylesheet" type="text/css" href="style1.css" />
        <link rel="stylesheet" type="text/css" href="style2.css" />
        <style> h1{Color:red}</style>
    </head>
    <body>
        <p>Just for fun?</p>
        <h1>Just for fun!</h1>
    </body>
</html>
```

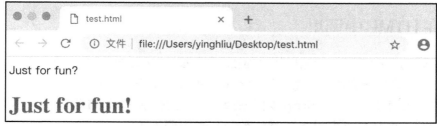

图 7.16　应用多重样式表

7.4　JavaScript 基础

　　JavaScript 是一种脚本语言，由程序代码组成，主要用于 Web 页面的开发和制作，为 Web 页面添加各种动态和交互功能。当下非常流行的可视化工具 D3[1]（Data-Driven Documents）

---

[1]　http://d3js.org

实际上就是一个纯 JavaScript 函数库。

JavaScript 既可以直接嵌入 HTML 中使用，也可以作为一个文件单独存在，然后在 HTML 中调用，无论哪种方法都需要使用<script>标签。

7.4.1　直接嵌入 HTML 使用

对象 document 是文档的根节点，每个 Web 页面都有自己的 document 对象。document 对象包含非常多的属性和方法，如 document.write 方法用于向当前文档写入内容。因为在 HTML 页面中可以直接插入一段 JavaScript 代码，所以 JavaScript 的输出结果会根据 HTML 解析，如本例中输出的"<h1>"和"<p>"会被解析为 HTML 标签。案例的完整代码如下，浏览器查看效果见图 7.17。

```html
<html>
    <body>
        <script>
            document.write("<h1>This is a heading</h1>");
            document.write("<p>This is a paragraph.</p>");
        </script>
    </body>
</html>
```

图 7.17　JavaScript 直接嵌入 HTML

7.4.2　在 HTML 中调用

虽然 JavaScript 可以直接嵌入到 HTML 的<head>或<body>部分，但一般建议函数放入<head>部分中，这样方便用户阅读，不会混淆 JavaScript 与 HTML 页面的标签。为了增加 HTML 文档的可读性，当 JavaScript 内容较多时，最好把脚本单独保存为一个文件，即外部 JavaScript 文件，默认扩展名是 .js。其他多个 Web 页面都可以在其<script>标签的 src 属性中设置调用的外部文件。

如下 myjs.js 是外部 JavaScript 文件，包含一个函数，功能是显示一个警告框。HTML 文件 test.html 通过单击一个按钮后调用 myjs.js 文件中的函数。

外部 JavaScript 文件 myjs.js 的代码如下：

```javascript
function disp_alert()
{
    alert("This is an alert!")
}
```

HTML 文件 test.html 的代码如下：

```
<html>
    <body>
        <script src="myjs.js">
        </script>
        <button type="button" onclick="disp_alert()">Try it</button>
    </body>
</html>
```

运行结果见图 7.18。

图 7.18　外部调用 JavaScript

7.5　Web 应用框架和模板

Web 应用框架和模板都是制作网站的利器，不需代码（或少量代码）编写即可实现个性化网站的制作和发布。

7.5.1　Web 应用框架

Web 应用框架，也简称"Web 框架"，是建立 Web 应用的一种方式。Web 应用框架可以让更多没有深厚代码基础的用户通过 Web 应用的创建和发布数据可视化作品。

Web 前端 UI 框架有 Bootstrap[2]、Foundation[3]、Semantic UI[4]、Pure[5]、Uikit[6]等。Web 前端框架库有 Angular.js[7]、Vue.js[8]、React[9]、Ember[10]、Require.js[11]、Backbone.js[12]等。

Bootstrap 是 2011 年 8 月推出的一个开源产品，是基于 HTML、CSS 和 JavaScript 开发的

---

[2]　http://getbootstrap.com
[3]　https://foundation.zurb.com
[4]　https://semantic-ui.com
[5]　https://purecss.io
[6]　https://getuikit.com
[7]　https://angularjs.org
[8]　http://cn.vuejs.org
[9]　http://www.reactjs.org
[10]　http:/emberjs.com
[11]　http://www.requirejs.cn
[12]　http://www.css88.com/doc/backbone

前端开发框架，包含丰富的 Web 组件，使得开发 Web 页面变得更加快捷和容易。用户可以在其官网下载后使用，但建议用户使用 Bootstrap 在线设计工具实现开发，常见的免费工具如 Layoutit[13]、Bootstrap Magic[14]、Jetstrap[15]和 Bootswatchr[16]等。这类工具上手容易，如 Layoutit 通过拖放界面生成器（如按钮、标签、选项卡等）帮助用户实现简单快速的 Bootstrap 前端代码，见图 7.19。

    Bootstrap Magic 是一款 Bootstrap 主题生成器，依赖 Bootstrap 和 AngularJS，用户只需重新设置变量值，修改颜色选择器就可以生成个性化主题，见图 7.20。

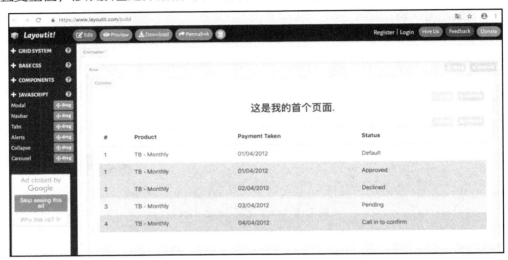

图 7.19　在线设计工具 layoutit

图 7.20　在线设计工具 bootstrap magic

---

[13]　https://www.layoutit.com/build
[14]　http://pikock.github.io/bootstrap-magic
[15]　https://jetstrap.com
[16]　http://bootswatchr.com

7.5.2　Web 模板

如果用户没有 HTML、CSS、JavaScript、页面设计的经验，使用 Web 模板也可以快速创建网站，发布可视化作品。这类 Web 模板的操作方法与文字处理软件类似，不需代码，简单的编辑就可以完成网站的制作和发布，如 WiX[17]、起飞页[18]、Squarespace[19]、易企秀[20]和 MAKA[21]等，见图 7.21 和 7.22。

图 7.21　Web 模板-起飞页

图 7.22　Web 模板-WiX

---

[17]　http://www. wix.com
[18]　https://www.qifeiye.com
[19]　http://www. Squarespace.com
[20]　http://www.eqxiu.com
[21]　http://maka.im

这类 Web 模板已经提供了非常专业的颜色搭配和布局，一般分为 PC、手机和 iPad 版本，可以方便地插入文本、列表、按钮、幻灯片、图片、声音、视频、动画和各种可视化图表等。如果是采用其他工具制作的可视化图表，一般在获得 URL 后通过链接插入 Web 模板，也可以通过 HTML 标签<a>实现。

小　结

　　为了保证数据可视化作品的正确发布，本章介绍了网络基础知识，制作网页的 HTML5 常用标签，格式化网页的内部 CSS 和外部 CSS，为 Web 页面添加各种动态和交互功能的 JavaScript，最后介绍了不需编写代码的网站制作和发布工具。

　　建议读者根据个人的基础和兴趣，深入学习 Bootstrap 和 WiX 等工具的使用，尝试实现数据可视化的个性化发布。

习　题　7

1. 表格标签<table>包含哪些标签？
2. 图像标签<img>包含哪些属性？详细说明其功能。
3. 详细说明内部 CSS 和外部 CSS 的区别。
4. 如何在 HTML 代码中调用 JavaScript 代码？

附录 A 数据可视化作品

1. 财新可视化实验室的数据可视化作品《青岛中石化管道爆炸事故》，荣获亚洲出版业协会（SOPA）"2014 年度卓越新闻奖"，这是中国首次有程序员参与的新闻奖。

作品地址：http://datanews.caixin.com/2013-11-25/100609098.html

2. 2018 年，澎湃新闻的新闻设计协会（SND）的铜奖作品"相亲角系列报道"。

作品地址：https://www.thepaper.cn/newsDetail_forward_2351635

作品地址：https://h5.thepaper.cn/html/zt/2018/08/seekinglove/index.html

3. 《南华早报》的作品"泰国洞穴救援行动如何展开"。

作品地址：https://multimedia.scmp.com/news/world/article/2154457/thai-cave-rescue/index.html

4. 2018 年，财新可视化实验室的全球数据新闻奖获奖作品《博物馆里的国家宝藏》。

作品地址 1：http://datanews.caixin.com/interactive/2018/antiques/

作品地址 2：http://datanews.caixin.com/mobile/museum/

5. 数据可视化作品《RAPE IN INDIA》，呈现了印度 2016 年向警方报案的 173608 起强奸案件的进展。每个司法系统中登记在案的强奸案件都是一个红点。大部分一直在等待，结案的非常少。

作品地址：https://adityajain15.github.io/Rape_In_India

6. 2017 年"信息之美奖"的艺术、娱乐和流行文化子类金奖作品《THE UNLIKELY ODDS OF MAKING IT BIG》（小概率的成功）。作品通过纽约的 75000 场演出告诉用户一个乐队的成功几率。

作品地址：https://pudding.cool/2017/01/making-it-big

7. 2017 年"信息之美奖"的环境和地图类子类金奖作品《1812: When Napoleon Ventured East》（1812：拿破仑的东征冒险），研究并展示了 1812 年俄国爱国战争中的关键事件。

作品地址：https://1812.tass.ru/en

8. 2017 年"信息之美奖"的运动、游戏和娱乐类子类金奖作品《Rhythm of Food》（食物的节奏），数据来源于谷歌，以辐射状图表展现了食物的季节性节奏。

作品地址：https://rhythm-of-food.net

9. 数据可视化作品《THE UNIVERSE OF MILES DAVIS》，展示爵士音乐史上的重要人物迈尔斯·戴维斯留给后人关于音乐方面的遗产。

作品地址：http://polygraph.cool/miles

10. 美国数据可视化作品《Wind Map》，数据每小时更新一次，实时显示美国本土的风速和风向。

作品地址：http://hint.fm/wind

11．美国数据可视化作品《Powerless》，展示了美国被天然气钻孔机占据家园的愤怒和无助。

作品地址：https://projects.propublica.org/graphics/wva

12．数据可视化作品《SETTING THE TABLE》，动态呈现了化学元素周期表的演变过程和重要影响人物。

作品地址：https://vis.sciencemag.org/periodic-table

附录 B　配套教学资源二维码

1. 素材资源下载的二维码

2. 习题参考答案的二维码

参考文献

[1] 陈为等. 数据可视化（第 2 版）. 北京：电子工业出版社，2019.

[2] [美]邱南森. 数据之美：一本书学会可视化设计. 北京：中国人民大学出版社，2014.

[3] [美]Nathan Yau. 鲜活的数据：数据可视化指南. 向怡宁译. 北京：人民邮电出版社，2012.

[4] 孙洋洋等. Python 数据分析：基于 Plotly 的动态可视化绘图. 北京：电子工业出版社，2018.

[5] 零一，韩要宾，黄园园. Python 3 爬虫、数据清洗与可视化实战. 北京：电子工业出版社，2018.

[6] 吕峻闽. 数据可视化分析（Excel 2016+Tableau）. 北京：电子工业出版社，2017.

[7] 孙国道，周志秀，李思，刘义鹏，梁荣华. 基于地理标签的推文话题时空演变的可视分析方法. 计算机科学，2019, 46(08):42-49.

[8] 夏婷，牛颢，何丽坤，范小朋，朱敏. 基于公共交通智能卡数据的可视化分析. 计算机应用研究：1-6[2019-09-24]. https://doi.org/10.19734/j.issn.1001-3695.2018.11.0907.

[9] 丁维龙，薛莉莉，陈婉君，吴福理. 一种基于混合布局策略的高校教师业绩数据可视化方法. 计算机科学，2019, 46(02):24-29.

[10] 汤晓燕，刘文军，朱东，浦信，吴新兵. 基于 ECharts 的电动汽车监控可视化研究. 现代信息科技，2018,2(12):46-48.

[11] 张晔，贾雨葶，傅洛伊，王新兵. AceMap 学术地图与 AceKG 学术知识图谱——学术数据可视化. 上海交通大学学报，2018, 52(10):1357-1362.

[12] 李炎，马俊明，安博，曹东刚. 一个基于 Web 的轻量级大数据处理与可视化工具. 计算机科学，2018, 45(09):60-64+93.

[13] 任利强，郭强，王海鹏，张立民. 基于 CiteSpace 的人工智能文献大数据可视化分析. 计算机系统应用，2018, 27(06):18-26.

[14] 张瑞，唐旭丽，王定峰，潘建鹏. 基于知识关联的金融数据可视化分析. 情报理论与实践，2018, 41(10):131-136.

[15] 李学伟，王海起. 基于 R 语言的交通流量数据可视化应用. 地理空间信息，2019, 17(04):95-102+11.

[16] 高翔，安辉，陈为，潘志庚. 移动增强现实可视化综述. 计算机辅助设计与图形学学报，2018, 30(01):1-8.

[17] 刘涛. 理解数据新闻的观念:可视化实践批评与数据新闻的人文观念反思. 新闻与写作，2019(04):65-71.

[18] 甘凌博，员婕. 数据新闻的交互可视化策略探析——以 2018 年世界杯报道为例. 新闻传播，2019(03):37-38+41.

[19] 常江. 图绘新闻：信息可视化与编辑室内的理念冲突. 编辑之友，2018(05):71-77.

[20] 许向东. 数据可视化传播效果的眼动实验研究. 国际新闻界，2018, 40(04):162-176.

[21] 马艺蕊. 传统媒体数字化转型中的数据可视化特色分析——以《卫报》和《财新网》为例. 新闻传播，2018(07):48-49.

[22] 徐少林，白净. 数据新闻可视化设计与内容如何平衡. 新闻界，2018(03):26-31.

[23] 白净，杨昉. 如何通过数据挖掘讲好故事——以人口类选题可视化作品为例. 新闻与写作，2018(03):82-86.

[24] 甘凌博. 数据新闻的交互可视化发展意义及提升路径探析. 新闻传播，2019(13):62-63.

[25] 王秀丽. 全球数据新闻奖"最佳可视化"奖作品解析. 当代传播，2018(01):87-89.

[26] 张军，刘俊，彭自强，马秋波，李华杰. 虚拟现实技术下地下管网可视化三维模型的构建与算法分析. 自动化与仪器仪表，2019(08):138-141.

[27] 倪家明，刘春林，罗秀，王博昊，李佳阳，李京荣，胥瑶. 三维 GIS 技术在智慧城市中的探究与应用. 智能建筑与智慧城市，2019(07):36-38.

[28] 李清泉，李德仁. 大数据 GIS. 武汉大学学报（信息科学版），2014, 39(06):641-644+666.

[29] 朱庆. 三维 GIS 及其在智慧城市中的应用. 地球信息科学学报，2014, 16(02):151-157.

[30] 杨彦波，刘滨，祁明月. 信息可视化研究综述. 河北科技大学学报，2014, 35(01):91-102.

[31] 任磊，杜一，马帅，张小龙，戴国忠. 大数据可视分析综述. 软件学报，2014, 25(09):1909-1936.

[32] 戴国忠，陈为，洪文学，刘世霞，屈华民，袁晓如，张加万，张康. 信息可视化和可视分析：挑战与机遇——北戴河信息可视化战略研讨会总结报告. 中国科学：信息科学，2013(01).

[33] 张昕，袁晓如. 树图可视化. 计算机辅助设计与图形学学报，2012(09).

[34] David Fonseca, Sergi Villagrasa, Nuria Martí, Ernest Redondo, Albert Sánchez. Visualization Methods in Architecture Education Using 3D Virtual Models and Augmented Reality in Mobile and Social Networks. Procedia-Social and Behavioral Sciences, 2013, 93.

[35] Sangho Lee, Jangwon Suh, Hyeong-Dong Park. BoreholeAR : A mobile tablet application for effective borehole database visualization using an augmented reality technolog. Computers and Geosciences, 2015, 76.

[36] Jorge Martín-Gutiérrez, Peña Fabiani, Wanda Benesova, María Dolores Meneses, Carlos E. Mora. Augmented reality to promote collaborative and autonomous learning in higher education. Computers in Human Behavior, 2015, 51.

[37] Amir H. Behzadan, Suyang Dong, Vineet R. Kamat. Augmented reality visualization: A review of civil infrastructure system applications. Advanced Engineering Informatics, 2015, 29(2).

反侵权盗版声明

　　电子工业出版社依法对本作品享有专有出版权。任何未经权利人书面许可，复制、销售或通过信息网络传播本作品的行为，歪曲、篡改、剽窃本作品的行为，均违反《中华人民共和国著作权法》，其行为人应承担相应的民事责任和行政责任，构成犯罪的，将被依法追究刑事责任。

　　为了维护市场秩序，保护权利人的合法权益，本社将依法查处和打击侵权盗版的单位和个人。欢迎社会各界人士积极举报侵权盗版行为，本社将奖励举报有功人员，并保证举报人的信息不被泄露。

　　举报电话：（010）88254396；（010）88258888

　　传　　真：（010）88254397

　　E-mail：dbqq@phei.com.cn

　　通信地址：北京市海淀区万寿路 173 信箱

　　　　　　　电子工业出版社总编办公室

　　邮　　编：100036